粤菜大师技法丛书

黄振华

经典粤菜技法

中国烹饪大师
中国烹饪协会创会副会长
原广州酒家企业集团副总经理、行政总厨

黄振华 著

SPM
南方传媒

广东科技出版社
全国优秀出版社
·广州·

图书在版编目（CIP）数据

黄振华经典粤菜技法 / 黄振华著. —广州：广东科
技出版社，2020.2（2022.10重印）
ISBN 978-7-5359-7397-9

Ⅰ．①黄…　Ⅱ．①黄…　Ⅲ．①粤菜—菜谱
Ⅳ．①TS972.182.65

中国版本图书馆CIP数据核字（2020）第020331号

黄振华经典粤菜技法

Huang Zhenhua Jingdian Yuecai Jifa

出　版　人：朱文清
总　策　划：朱文清
项目统筹：钟洁玲
责任编辑：高　玲　温　微　彭秀清
装帧设计：友间文化
责任校对：于强强
责任印制：彭海波
出版发行：广东科技出版社
　　　　　（广州市环市东路水荫路11号　邮政编码：510075）
销售热线：020-37607413
http://www.gdstp.com.cn
E-mail：gdkjbw@nfcb.com.cn
经　　销：广东新华发行集团股份有限公司
印　　刷：广州一龙印刷有限公司
　　　　　（广州市增城区荔新九路43号1幢自编101房　邮政编码：511340）
规　　格：787mm×1092mm　1/16　印张12.25　字数245千
版　　次：2020年2月第1版
　　　　　2022年10月第3次印刷
定　　价：148.00元

如发现因印装质量问题影响阅读，请与广东科技出版社印制室联系调换（电话：020-37607272）。

黄振华

广东省广州市人，中国烹饪协会第一届、第二届副会长；中国烹饪协会名厨专业委员会荣誉主席，2000年1月被国家国内贸易局授予"中国烹饪大师"的荣誉称号，之后被文化部授予"中国烹饪文化大师"称号；国家高级烹调技师、世界烹联国际评委、餐饮业国家一级评委、商务部全国餐饮业金鼎奖评委、中国十佳烹饪大师、广东十大名厨、商务部中华名厨名誉奖、全国劳动模范、广东省职工劳动模范、广州市劳动模范。

黄振华曾当选广东省第七届人大代表，广州市第十届人大代表，荔湾区第四、五、六、七届政协委员，荔湾区第九、十、十一届人大代表。获得全国"五一劳动奖章""全国技术能手"称号；多次在世界和全国烹饪大赛中担任评委：1994年卢森堡烹饪世界杯大赛评委、1995美国传统杯国际大赛评委、第一届马来西亚金厨大赛评委、斯里兰卡国际大赛评委，是中国仅有的两位世界厨师联合会国际评委之一。

简介

1988年，黄振华参加全国第二届烹饪比赛，作品菜式"三色龙虾"获热菜金牌；1990年任中国烹饪代表队队长，参加卢森堡"90烹饪世界杯"比赛，获团体金牌，受到中国商业部及中国烹饪协会的嘉奖。他曾任广州酒家企业集团有限公司董事、副总经理兼行政总厨，吉祥路广州酒家总经理，天河百福广场广州酒家总经理。

从艺56年，他精心研究粤菜精髓，粗料精制，精料细作，灵活多变，制造了广州酒家经典品牌，如广式"满汉全席""满汉精选华筵""五朝宴""圆桌中国菜""黄金宴""花城美宴""南越王宴""三色龙虾""嘉禾雁扣""白玉罗汉""如意金砖""牛油芝士罗氏虾""蜜汁牛仔骨"等令人垂涎的宴席及菜式，并流传成为经典。

他是广东省餐饮技师协会会长，广州技师协会餐饮分会会长。他还是中国四大菜系《粤菜》的主编，著有《黄振华粤菜精选作品集》《中国烹饪大师作品黄振华专辑》，是《中国烹饪大百科全书》编委。原商业部常务副部长姜习先生在《黄振华粤菜精选作品集》作序并评价："黄振华厨艺振中华。"

感恩广州：出生在广州，成长在广州，学艺在广州，成才在广州，成名在广州，所以厨出广州！

》关山月题字

中國烹飪大師

黃振華

葉選平題

》叶选平题字

》爱新觉罗题字

》金贵书"黄"圆形书法

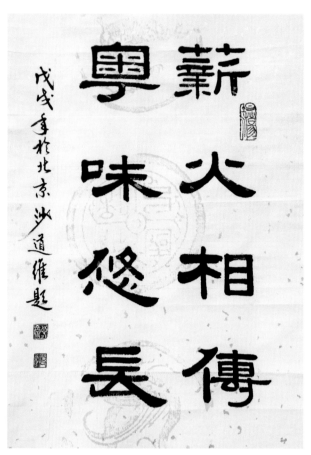

》沙道维题字

》黄耀联题字

》黄振华（右一）与父亲黄深（左一）、师傅黄瑞 》与师傅黄瑞（右一）合影
（中）合影

》黄振华（右一）工作照

》 2017年与徒弟合照

》 2018年与徒弟合照

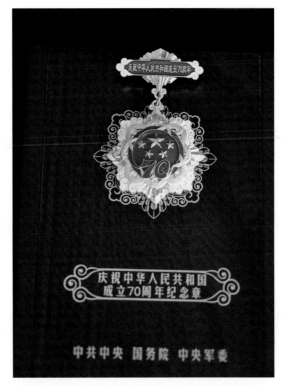

》获庆祝中华人民共和国成立70周年纪念章

》 与广州酒家现任党委书记、董事长徐伟兵合影

黄　振　华　经　典　粤　菜　技　法

编辑本书，我感觉走过了40年。这是一个人的40年，也是粤菜发展的40年。

曾与黄振华共事、后任白天鹅宾馆副总经理的彭树挺说，黄振华"是一个追求完美的匠人，也是粤菜发展史上的一座高峰"。

黄振华在粤菜领域耕耘45年，到2007年退休前，他是广州酒家的总厨师长、行政总厨，是广州酒家的"001"号，也是广东粤菜大厨的"001"号，是"国宝级粤菜大师"。颇有意味的是，他的高级技师证书，也是"001"号。那是1997年广东省服务系统执行新规，劳动厅颁发的高级技师证书，黄振华排在第一批高级技师里的第一名。

1990年，他曾任中国烹饪代表队队长，参加卢森堡"90烹饪世界杯"国家队烹饪大赛，荣获团体金牌，受到中国商业部及中国烹饪协会的嘉奖。

"粤菜师傅"之缘

黄振华出生于粤厨世家。他的姑丈殷九是上海南京路新雅粤菜馆掌勺大厨。新雅粤菜馆名闻遐迩，是旧上海名流显贵云集地，殷九从20世纪30年代一直做到60年代才退休。

殷九是从化人。一个农村孩子，凭一技之长闯荡上海滩，博得名利，衣锦还乡，成为家族楷模。殷九的弟弟殷耀也进入厨行，不过，他没有去上海，而是到广州，到老字号大同酒家，1945年已经是大同酒家的头镬；1950年从广州去香港，成为香港大同酒家的总厨。

黄振华的父亲黄深，当年跟从殷耀，到广州进入厨行，也入职大同酒家。

在家庭氛围影响下，黄振华从少年起，已经暗下决心，长大要当一个响当当的厨师，立足世界。长辈告诉他："你要是有一技傍身，皇帝都要来求你啊！"

1962年，17岁的黄振华进入鹅潭酒舫，师从黄三师傅。初学炒菜的时候，师傅要他练习炒沙。一口铁镬3千克重，放入2.5千克沙子，要上下翻炒，练手势。三四年后才有机会"摸刀"。当时广州酒家的名厨黄瑞、黎龙及泮溪酒家的点心名师罗坤常到鹅潭酒舫小聚，黄振华就爱听他们与黄三师傅神聊。有一次黄三把他介绍给黄瑞，黄瑞对他说："后生仔，学好本事，以后做镬请你！"这句话，点亮了黄振华的心灯。他的梦想就是到广州酒家，跟随黄瑞学艺。

没想到，1970年，黄振华25岁那一年，鹅潭酒舫撤场，他真的如愿以偿，进入广州酒家，师从黄瑞师傅。黄瑞早于20世纪50年代已经是"广州十大名厨"，是茅台鸡的创始人。他对弟子要求非常严格。

据彭树挺回忆，黄振华很敬重师傅。师傅退休后，每当交易会人手紧缺，酒家会把师傅请回店里指导。黄瑞一回店，黄振华就毕恭毕敬地聆听师傅教导。烹菜间歇，别人都在休息，而黄振华则一直在师傅身旁侍立。师傅在，他不歇。

我问："师傅有没有骂过你？"他答："当然有啊，骂你就是教你。厨行有句俗话是——听得多不如做得多，做得多不如错得多。"

看来，要掌握"皇帝都要来求你"的技艺，真不容易！

一流的粤菜平台

黄振华的"001"号除了因为刻苦勤奋，加上超卓的个人技艺，还得益于"食在广州第一家"这个平台。

在广州无人不识广州酒家。从小我就经常看到电视广告里唱："食在广州第一家。"

广州酒家是老字号酒家里面的"排头兵"。广州每年有春秋两届交易会，广州酒家等一批老字号酒家承担起交易会的接待任务。

交易会相当于餐饮行业的"阅兵式"，是检验粤菜、创新粤菜、提升粤菜档次的大好时机。每次交易会前，所有接待外宾的酒店、宾馆餐饮部门，都会进行多轮大脑风暴、拿出浑身解数，制作高于当时消费标准近10倍的宴会菜式，供外宾们观摩和品尝。

因为锻炼机会多，那些年，在中外各类烹饪大赛中，粤菜屡获殊荣。

在交易会上，广州酒家代表的不仅仅是广州，而是中国烹饪的水平。在广州酒家这个平台上，黄振华团队制作过堪称经典的"满汉全席""满汉精选华筵""五朝宴""圆桌中国菜""南越王宴""黄金宴""花城美宴"等。

而"满汉全席""满汉精选华筵""五朝宴""圆桌中国菜"这类宴席已经超越了粤菜，纵向追溯两千多年历史，横向放眼全国四大菜系，自有一种宏大的格局。粤菜有两千多年的历史，但厨行有人怀疑，担心找不到依据。广州酒家找到广东的人类学家和考古专家，黄振华就向他们请教，讲解南越王墓挖掘出来的饮食遗迹。由此他们一起推敲菜式，研制了一桌标志着岭南与中原融合，既体现岭南丰富的食物资源，又带有西汉饮食遗风的"南越王宴"。包括飞、潜、动、植，从菜品、餐具，到服务员的服饰、礼仪，还配合典故、音乐及环境布局，精心打造出一桌仿古盛宴。

42℃高温炼就的工匠心

在广州酒家，黄振华的工作岗位，是3楼厨房第一只炉（头镬）。

对老广而言，一碟菜炒得好不好吃，就看它够不够"镬气"。当一碟小炒热腾腾地上来时，大家惊喜地叹："真香！"这个"香"不是指调味的香，而是镬气热力把食物快速逼熟的香。据说，"镬气"这个词在中国其他菜系及外国菜系里都没有，唯粤菜独有，且是粤厨及美食家们孜孜以求的一个技术指标。

为了这个镬气，黄振华在高温烘烤下工作了几十年。

他告诉我，他炉旁挂着一支温度计，长年是42℃，就像人间炼狱。他入厨行的年代，用的是煤炉。煤炉不能关火，炒菜的间歇，炉温也降不下来。改革开放之后，转烧柴油，柴油炉也不能关。现在就不同了，现在厨房用的是煤气炉，可以随手关掉它，用时再开。

那些年，他一年到头都是汗湿衣裤。因为流大量的汗，他不停地喝水。但长此以往，他渐渐感觉容易疲劳。药材铺的人说，你不能这样只喝水啊，身体会虚的。还介绍他去清平路干货市场，买东北产的生晒参。用生晒参泡水喝，喝了之后，人果然精神多了。他就这样，应对42℃高温。

及至后来，他在厨房上方，引入一条风管，用大功率的鼓风机把风送入管道，管道延伸到每位师傅工位，开一个孔洞，只吹到人而吹不到炉火，大家的工作条件才稍有改善，结束了汗粘衣衫的状况。

火候的艺术

粤菜是火的艺术。黄振华说："一热遮三丑！"

他告诉我，龚腾师傅当年给他们讲课时说过，热菜只能保持7分钟。除了掌握好烹制的速度，还要考虑盛器的保温性能。有一次婚宴，第六道热菜是炒生鱼球。考虑到生鱼球的盛器是平底碟，很快会冷，稍冷味道就失分。他便布置助手，密切观察大厅客人吃菜的进度，计算着厨房与大厅的距离。其次是盛碟的温度，碟子在消毒柜里，保持25℃，不高不低。太低，保不了温；太高，则会令伴碟的衬菜萎缩，影响美观。

黄振华在本书标注技法时，会特别注明：准熟。

"准熟"是什么意思呢？

他说："准熟是指火候。以烹制海鲜为例，清蒸石斑鱼，只要

'准熟'不要'全熟'。这个'准'就是刚刚断生，又没有全熟，在九分熟的样子。为的是追求嫩滑的口感，同时保持原汁原味。"

为保持食物的新鲜生嫩，粤菜师傅会尽一切可能缩短烹饪时间。

世界中国烹饪联合会名誉会长姜习，曾这样评价黄大师：

"黄振华的厨艺具有扎实的基本功。在粤菜烹饪中，可谓样样皆能。任何物料，一经他手，均成佳肴。在第二届全国烹饪大赛上，他的'三色龙虾'由于配料得当，腌制得法、刀功强、造型好、火候佳、口味美、不泻水而压倒群芳，获得金牌。"

1分52秒，"烹鸡一条龙"

我在秦朔的《人间至味在广府》一文里得知：1974年黄振华大师协同两位师傅，刷新了"烹鸡一条龙"表演的记录。仅用了1分52秒的时间，就把一只活鸡做成色香味俱全的炒鸡球。

我的第一反应是：真的吗，不可能吧。按正常理解，1分52秒用于宰、切、烹任何一个工序都是不可能的，还要"一条龙"搞定？

于是我当面求证。黄振华说："那是真的。"

粤菜以鲜活原料为主，崇尚即点即烹，烹不过火，既注重保存菜肴的营养成分，又强调质感、口感之美。这些都有别于中国的其他菜系。

为了这场表演赛，他们精心研究：宰鸡要几秒才能放完血，反复试验的结果是，10~11秒；把鸡放入多少温度的水里，拔鸡毛最快；怎么起鸡肉最快；点火热镬需要几秒。

每个环节的衔接要做到分秒不差。

"炒出来的是鸡球，不是整只鸡。那天用的是炭炉，事先我们把炭放在太阳底下晒了又晒，晒到都快烧着了，还往里面洒了火水。"黄振华回忆，脸上漾起孩子般的笑容。

这仅是一例。平时，为求最佳效果，黄振华经常上百次演练每一个环节，精准把控分分秒秒。

开放、融合、创新

粤菜在调味方面崇尚清鲜，口味以清、鲜、爽、嫩、滑为主，讲究清而不淡，鲜而不俗，脆嫩不生，油而不腻。清鲜是一个极高的指标。清鲜，就是没有强烈的刺激，让人得以自由细致地品味各种令人愉悦的美感。黄振华说："这个指标，逼着我们不断探索调味的技巧，从而不断地改进烹调技法。"

20世纪80年代，改革开放，粤菜又逢春天。时任广州酒家总经理的温祈福把大家带到香港，见识港式粤菜的新技艺，并从中学到了"几手"，诸如咖喱菜、脆皮鸡和蒸鱼。当时香港已经启用蒸柜来蒸鱼。大家发现，这种五六格层的蒸柜，效率高，效果好，蒸的时间更短，蒸出来的鱼肉更嫩滑。广州酒家在1983年全面装修时就改用了蒸柜。

黄振华回忆：每次去香港，一定会去海边的渔村。在渔村排档式餐厅，师傅用的鱼又大又生猛，即点即烹，从劏鱼、起鱼片，到入镬炒、上桌，环环紧扣，一气呵成，充满节奏感，而且是连皮炒的，口感竟然更好。

正是在这种学习过程中，黄振华领悟到粤菜"有传统，无正宗"的说法。

从17岁入行到62岁退休，黄振华入厨行整整45年。他的个人作品，曾在世界烹饪大赛及国际奥林匹克烹饪大赛上分别获得金牌和铜牌。2006年中国商务部给他颁发了"中华名厨"荣誉奖。

1985年起，黄振华大师还担任珠岛宾馆技术顾问，接待过国家领导人及多国元首。黄振华大师从业以来受到无数表彰和奖励，但他的师傅，好像极少表扬他。

他的感觉是，这辈子，天天都在学习。学无止境。

本书看点

本书汇集了黄振华研发或创改的70道粤菜。他的原意是向共和国70华诞献礼。

这里面有他获奖的三色龙虾、嘉禾雁扣、百花煎酿鸭掌、一品天香等，还有他领头组织、研发、创新的满汉全席、五朝宴、南越王宴，以及20世纪80年代交易会期间，日本同行专程订制的高端宴席……几乎囊括了他一生的重要成就。

最有价值的，当然是黄振华的经典粤菜技法。

70道菜，图文并茂。每一款均讲述菜式的来源，他亲历的故事，食材原料的辨识及挑选，主料、配料、调料，初加工及精加工，烹制及装盘，最后是技艺要求。黄振华详解了每个菜的制作流程及关键技术，全部是第一手资料。

这是一部粤菜界的"大师秘籍"。既展示了大师平生厨艺的辉煌硕果，更是对40年来粤菜技艺发展的一次重大梳理。

读者不但可以对照学艺，更能感受到一代大师的"工匠精神"。

其中满汉全席、五朝宴、南越王宴等，还保留着堪称文物的当年手写菜谱，上面标注着旧式的斤两，你甚至可以把它作为一幅书法作品去欣赏。上面年深月久的斑驳痕迹，交织着汗水与心血、挫败与成功，给人一种纵深的历史感。黄振华说："如果广州有粤菜博物馆，我就把它们献出来。"

手迹、菜谱与旧照汇合，使这部技法带着微微的体温和岁月的回声，读之让人感动至深。

钟洁玲

（资深编辑、美食作家）

2019年10月18日

我的粤菜之路

——粤菜的传承与创新

　　这辈子，我服务过两个单位，一个是鹅潭酒舫，一个是广州酒家。我只干了一件事，就是当厨师。我是一个平凡的庖丁，为粤菜奋斗了一生。我的领域是粤菜，尤其是广府菜。在这里，我想与大家分享一下我的一些心得，并抚今追昔一番。

　　广州是最早倡导"菜肴创新"的城市。千百年来，粤菜的进步，得益于烹饪技艺上一次又一次的吐故纳新、博采众长。我的师傅教育我，要"有烹无类"，吸纳先进的烹饪技艺，不分东西，为我所用。广州自古以来就是一个国际贸易港口，对外交流频繁，尽得风气之先。清代中前期，西餐率先传入岭南，登陆的地点，就是以广州作为西来初地。

　　近百年来，我们厨师面临的课题是如何做到中西结合，又不失粤菜传统。在这点上，我们的前辈已经做出了榜样。一百年前，他们已经结合西餐烹饪技艺，创出了脍炙人口的瑞士排骨、瑞士焗鸡翅、果汁煎猪扒、柠汁煎软鸭、噫汁焗猪肝、西汁焗乳鸽、吉列菜系列，这些创新菜深受广东人喜爱。

改革开放40年来，粤菜的烹饪和展现形式也在不断地和全国及世界融合。中国菜是以味道为核心，以营养为目的的。我觉得，以味为核心是美食的真理，食以味为先，这一点无论是粤菜还是其他菜系，都是首肯的。

近年来，我发现菜肴的发展呈现两大潮流：一类是形式上创新的。如讲究诗情画意，装盘精致，造型洋化，所谓美轮美奂、"食唔饱"的"阳春白雪菜"。另一类则是讲求实质的。如重视菜的分量，既温饱、充实体能，又简约快捷、注重养生、保持本质的原生菜。

也许，在历史大潮下，随着大都市的人数增长，五湖四海的味道也在变化，并互相同化。如今连世界公认健康的广府菜，也由清鲜淡雅、五味俱和变得浓油赤酱、多色重辛味了。比如，原创用汤浸的白切(斩)鸡，现在变成了白卤鸡。这种变化是我难以认同的！还有，我们的祖师爷教导我们："戏子的曲、厨子的汤。"强调的是汤的重要性。汤是我们烹饪调味的灵魂。但有些后辈竟然认为：泉水比汤味道好，继而用泉水取代上汤。如果真变成这样，我认为就是本末倒置了。

这真的是百花齐放、百家争鸣吗？老祖宗还说："粤菜要够(有)味而不咸、滑夹唔泻芡（滑且芡汁不显不泻）。"这个宝贵的传统，现在也几乎荡然无存了。真是可惜！

现在，真正懂粤菜的美食作家也少了。像当年的胡朴安、欧阳山、秦牧、吴有恒、李一氓、钟征祥、李秀松等，这一类优秀的美食作家就更少了。他们懂得尊重中国烹饪文化基础。只有在不失掉基础的前提下，结合西方烹饪艺术精粹和表现力，结合新技法、新原料、新调料、新烹饪工具等，在展现菜品上才有利于促进中国餐饮文化的进步，才谈得上弘扬中国烹饪文化。

大众认为好才是真的好！粤菜的创新不是"传统"加"乱龙"。古为今用、洋为中用，粤菜的创新，一直在根据时代的需求不断演变。但我认为，万变不离其宗，只有在传统的基础上去改变，才是真正的粤菜发展之道。在餐饮界曾经流传："粤菜是有传统，无正宗。"那么，传统是从什么时候开始的呢？我认为，岭南的传统应该是从西汉南越王时期开始的。如果从那个时期开始计算，那么到了现今就真是翻天覆地，无从谈正宗了。

粤菜中广府菜的发源地是广州，南越王墓博物馆的史料已经证明。细观社会上那些所谓粤菜落后论，是居安思危，也是想鞭策厨师进步的"现代语"。

其实，最终左右粤菜发展的不是厨师。1990年，我到卢森堡参加"90烹饪世界杯"。我们代表国家队比赛，获奖后，我们到一家华人餐馆表演。我还记得，那家大厨对我讲："你是特级厨师，我的老板是特特级！要懂得中国烹饪的历史，才能更好地融合，去粗留精，达到新的境界！"这位大厨的话，给我留下了深刻印象。是的，社会在进步，日新月异，会带来许多新的东西。但在历史上曾有的好风味也是非常令人回味的。可惜，许多人在新潮的冲击下将传统滋味丢掉了。

虽然说现在是百花齐放，但粤菜的"不时不食"不应改变。特别是农产品食材都有季节时令区分，我们根据这个时令来吃是很有道理的。但有些人却不懂这个道理，不分四季，把历史上的四季菜谱给废掉了，抛弃不用，还把不分季节的食法美其名曰"反季节"，如节瓜在春天还在秧苗期的时候就出节瓜菜谱。

广府菜的最大特点是有四季时蔬之分。这是按照华南地区一年四季所出产的原材料，选其初产期与旺产期，采摘最鲜嫩、最肥美时期的产品烹制出的菜肴，称之为"四季时令名菜"，这是广府菜特有的。

粤菜的创新应该有理有节。新的品种要经得起时间的考验，能使人长久回味难忘。只有品质保证、深受欢迎的，才能成为名菜，而不是那些"电影菜"。当年广州酒家曾有人要求厨师每月换一次新菜，时任总经理的温祈福称之为"电影菜"。他说："一个月就换一期新菜牌，连自己服务员都未识里面是什么，怎样向客人推荐？等于看电影一样，过眼云烟。菜是拿来吃的还是拿来看的？"

我认为，当一个厨师，就要有一种与名利无关的、精益求精的工匠精神。要了解，粤菜烹饪是由南越土著民风和中原文化结合而成的，粤菜原来也带着浓厚的中原基因。广州早期有许多店名、菜谱和满汉全席的菜单，都是与中原烹饪文化一脉相承的。经过近百年的改造、创新和融合，才奠定了"食在广州"的地位。

我坚信：时无定味，适口者珍。作为烹饪工匠，精心烹制的佳看能够让食客大快朵颐并达到彼此共同欣赏，就是好出品。无论是中国菜还是西方菜，只要能雅俗共赏、丰俭由人、粗料精制、精料细作、物有所值，那么不管是改良、创新、中西结合的美食，还是传统怀旧的佳肴，都一定会受追捧的。

开拓新粤菜、研究中西融合的新菜式是一件美差，应该乐在其中，而不必拿生命去拼搏。只要实实在在努力地去做，不要为搏眼球而搞所谓的创新。古语说：人在做，天在看。天知，地知，你的创造人人皆知！

这些就是我从业多年对粤菜的认知。值2019年隆重纪念改革开放40周年，我特别将这半个多世纪的工作心得和烹饪心得，与你共享。

黄振华

2019年10月

目录

难忘的经典之作：
广式满汉全席

我投身粤菜行业半个多世纪，师从黄瑞导师、陈明大师和家父黄深。20世纪80年代改革开放，让餐饮人迎来了烹饪的春天。

犹记得，1956年，新中国成立以来的首届广州名菜展览在文昌路的广州酒家举办。27年之后的1983年，第二届广州名菜展览会又在广州酒家举行。这一次，我有幸参加，并入选由广州最权威师傅组成的专家组，专门研究满汉全席展览品。我有了一次就近学习的机会。我看到了粤菜的优秀传统，从菜肴设计、烹制，餐前的小食、干果，用于摆设的面塑，从餐桌到厅堂的布置陈设等，都制作成模型或图片说明，放在展览厅里。

1984年，来自新加坡冼良烹饪学院的外宾，来到文昌路广州酒家，询问我们是否可以订一桌满汉全席。当时，公司对这件事非常重视，召开了专门的研讨会。为此，我重温了名菜展览会保存的档案和手头所有的资料。其一是1960年广州市饮食服务业高级技术学校教材，记载了广州满汉全席共有108款。其二是搜集到香港关于满汉全席的资料。香港资料是我在香港琼华大酒家工作的表兄送的。原来，1963年日本游客曾在琼华酒家订过整套"大汉全席"（1912年广东有人把满汉全席改为"大汉全席"）。这套资料不但有菜式，还有服务细节的说明，真是弥足珍贵。其三是成都饮食公司办公室主任叶永丰送给我的四川满汉全席菜谱。其四是国内其他地方的满汉全席资料，这是广东餐饮名人李秀松先生找给我的。正是根据这些资料的互相对照，我们最终得以让"满汉全席"成功地在广州酒家呈现。

在服务形式上，依广州酒家当时的条件，我们还不能百分之百复原资料记载中的奢华。但是，我们还是尽了最大努力，去接近历史原貌，还原宴席的情景布置。

岂料，广州酒家可以做满汉全席的消息不胫而走，国内外旅行社纷纷联系我们，要订满汉全席，以此作为到广州旅游、体现"食在广州"的一个内容。

为应对市场需求，酒家专门做了一番研究。我们在满汉全席的基础上，推出了精简版的"满汉全席精选席"。由于这个宴席需要预备材料，制作半成品也需要时间，所以需要提前预订。所有食材，除了能够采购到的传统食材之外，我们还根据广府菜特色，使用了许多现代鲜活食材，例如鱼、虾、蟹、螺等生猛海鲜和菇菌山货。此外，酒家还为此装修了一个专用厅，叫"满汉宫"。

自从"精选席"问世后，慕名而来品尝体验的宾客更多。他们之中既有国内的，也有国外的；有旅行社带来的，也有自家组团来的。广州酒家的满汉全席，成为经典之作，蜚声海内外，成为当时最具特色的旅游项目之一。那个时候，日本大阪旅行社还派专人前来广州，与广州酒家探讨组织一日两地飞机旅行团，要品尝一南一北两桌极负盛名的满汉全席。其中北以北京仿膳为代表，南以我们广州酒家为代表。

为了继承和弘扬中国烹饪文化，在有限的条件下，我先后设计和研制了不少经典菜式，特别着重研究适合广府食材的满汉食单，并不断增加新元素，丰富"满汉全席"+"食在广州"的内涵。

满汉全席是中国烹饪艺术的瑰宝。它能够在改革开放之后重展魅力，说明我们的经济发展、社会发展、厨艺及餐饮服务都达到了一个新的水平。广州酒家能够从大堆的历史资料里面，复原一两百年前的中国菜精华，称得上是传承中国烹饪文化的一项重要成果。

满汉全席属于高端消费，它只是作为改革开放之初，为满足外宾和华侨同胞的要求而设计烹制的。因为这样一席珍馐，海外侨胞重新领略了"食在广州"的魅力。今天，我将多份珍藏的20世纪80年代的广州满汉菜单和李秀松先生给我的史料，收入书中，供大家分享。

谨以此纪念这段发生在改革开放之初的"食在广州"的故事。

華筵 第一席

日喜头盆：汾酒牛腩 蜜汁香扎 花雕熏鱼 麻辣海蛰

列奉点心：银丝细面 玉葵宝扇 金银酥盒

冷荤：龍馬精神

热荤：梅花北鹿

海碗：嘉禾官燕

大菜：海屋添筹

烧烤：瑞气呈祥　跟湯炖菜胆

每位：竹笙蟹螯

上菜：金陵2鸟

　　　乌龍吐珠

座菜：麒麟送子

咸点：天府跟斗 京都窝贴

甜点：苏堤菊影 万寿果王

京果：琥珀合桃 碧海珊瑚

蜜果：和顺青杭 赵红玉柿

生果：天津鸭梨 沙田蜜柚

手分：红衣子 银杏仁

三色龙虾

華筵 第二席

冷荤：孔雀开屏

热荤：虎扣龍藏

大菜：金猴贡蘑

海碗：鹤寿松龄

烧烤：全体金猪

每位：香荷玉带

上菜：大鹏展翅　跟酸辣汤

　　　京扒熊掌　层饼

座菜：罗汉上素

饭菜：积隆咸蛋 稀饭小碗 凤城牛乳

咸点：独占鳌头 贵子油饼

甜点：杏仁豆腐 佛手生香

水果：马蹄得意 佳藕天成

糖果：登科莲子 明玉冬心

酸菜：酸芒果 酸杨桃

皇宮廣州

冷荤：五羊献穗
热荤：桂花鱼翅
蚝汁绸鲍
大菜：一品天香（跟草菇汤）
烧烤：如意双鸡
海碗：鹿茸蚬鸭
每位：百花仙掌
上菜：红菱贡鸟
座菜：巨海皇虾
饭菜：巧煎鳕白　干饭小碗
油焗凤肠　秋叶海棠
咸点：多子石榴
甜菜：太极仙翁
甜点：沙湾奶挞　甘露桂园
京果：天山提子　石硖香酥
蜜果：玉带金橘　紫袍仁榥
生果：龙芽香蕉　玉液甜橙

黃振華

皇宮廣州

到奉点心：燕语莺声　积玉金钱　高汤鱼角
冷荤：繁紫昌盛
热荤：皇母蟠桃
玉柱藏珍
大菜：龙虎凤会
海碗：妙胡驼峯
烧烤：哈觉巴脤（跟米须汤）
每位：松红蟠秀
上菜：葵花鹊庄
座菜：金榜扬名
单尾：小窝头　汤濑粉
甜点：冰花雪蛤　如意卷　肉未饼
甜菜：水萌情长　凌波艳影
水果：碗豆黄　芸豆卷
榄果：晶莹椰角　金辉桔饼
酸菜：酸山渣　酸青梅

黃振華

一品天香

雁鹊南来

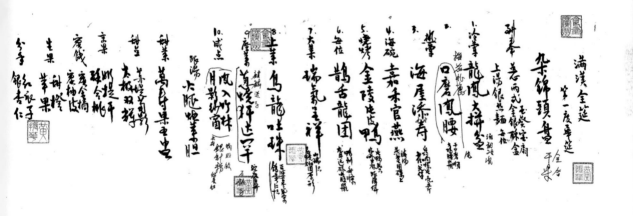

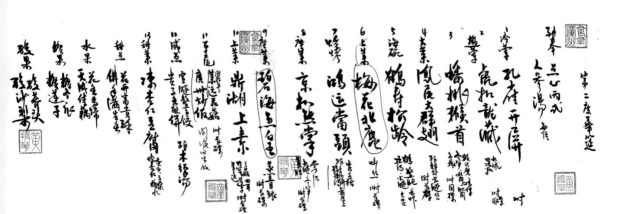

第三度筵席

食单 廣州

點心 兰心脆烧金钱素　紫酒焗脆甫　鹌鹑粥

八冷荤 雁塔题名
2 烤掌 白玉女蟠桃
3 燒荤 擅中绘绝纱虾花
中碗 鹿范蜩珍鸭
5 焗掌 如意烧鸡
6 羼 新雲拖月
7 大菜 天魔一百品
8 上菜 红菱贡鸟
9 庵荤 巨海金毫锋
10 庵菜 仙枅椰奶香
11甜荤 林油盅麦饼
12甜菜 杏梅成米丁
京果 京帻枇杷干
蜜果 寅成楼李梅
生果 沙田柚芒菓枝

白玉云和鸟

第四度筵席

食单 廣州

點心 燕窝蒸鸡蛋卷　大妃金钱素
1 冷荤 韻鱼门楼神
2 烤荤 玉桂瀛珍
3 燒荤 虎閩大会
中碗 海珍
5 上菜 竹笙绣球
6 大圆菜 妙刻金雀牢
7 荷花 松仁满寿
8 庵菜 金橙拖名
9 庵荤 白雲上素
10甜荤 冰花雪蛤
11甜菜 白雲奶露
甜果 水晶情长　小窝头
改果 琼岛遮梅
橄菜 榛屋佛手
橄果 枣缘佛手

满汉全筵又称"满汉席"。

满汉全筵是兴于清代的一种大型宴席，《随国食单》和李斗《扬州画舫录》均有记载。它具有选料多样，囊括飞、潜、动、植，巧夺天工、灵活善变、品种丰富多彩，食制高雅隆重等特点，是我国古代饮食文化的一份宝贵遗产。二三百年来，它曾传遍大江南北。据一些地方史料的记载，各地的"满汉全筵"既有一定的型格，又有不同的内容，即使同一地方的不同时期，其食单也有相应变化。如烧鸭、烤猪、哈儿巴等是必备的，而瓜果时蔬等则因时因地而异。历代厨师各尽其才，搜罗山珍海错，大力研究和烹制飞、潜、动、植及民间美食，把它提升到极致。

必须说明的是，时移世易，今天我们的生态环境与二三百年前截然不同。尤其在发生过"COVID-19"（2019冠状病毒病）疫情之后，已经全面禁止食用野生动物和以食用为目的的猎捕、交易、运输等行为。

之所以把"满汉席"收入书中，是我们用历史唯物主义的观点来看待传统，珍视其中的制作技艺："汉满席"是几近失传的瑰宝，是数代厨师的登峰造极之作，是中国烹饪艺术的经典。

实际上，近百年来，"满汉全筵"已基本无人问津。它的极尽奢侈豪华，注定它只存在于上层社会。晚清以来，遭逢乱世，连上层社会都消费不起，它便消失多时。直至20世纪80年代，改革开放，经济复苏，社会逐渐繁荣，它才被人们重新想起。这里面有历史原因：广州酒家每年负责春秋两季交易会的接待工作。有一年，交易会期间，新加坡洗良烹饪学院前来问询我们能不能制作满汉全筵，他们想订制一席。在这种情况下，我们研制出简化版的广式满汉全席。之后宾客络绎不绝，我们于是研制了众多的满汉精选席来应对市场。

这是许多年前的事了。很多朋友好奇，为什么在酒家的菜单里有熊掌之类的原料？

事情是这样的：话说当年大兴安岭大火后，有人拿着两大袋的熊掌、犴鼻等冻品来找我。当时我们经过严格查证，售卖者出示了吉林省林业公安开出的证明，我们才买了下来。在80年代，这些东西并不算贵。

今天公开这份珍藏菜单，是因为它记载了广州餐饮人在那段历史时期，为擦亮"食在广州"这块金字招牌，曾因地制宜地传承、改革、创新粤菜的故事。这是"食在广州"的代表作，我们应该把它作为一份历史文献珍藏起来。

必须说明的是，保护野生动物是每个中国公民的责任与义务。作为厨师，更应该知法守法，以高度的责任心，弄清楚所有食材的来龙去脉，只使用环保食材。

此外，本书也将展示我1977年主理广州酒家厨政之后，在交易会期间，为日本亚寿多酒楼的同行设计和烹制的菜单，让读者见证"食在广州"这段辉煌历史。

食在广州，厨出广州！

五朝宴的构成

这是广州酒家应宾客要求而推出的又一杰作。

1986年秋交会期间，广州酒家隆重推出唐、宋、元、明、清名菜精选，分一、二席。五朝宴的面世，曾名噪一时。后来，应香港新国泰酒楼的邀请，由我带队到香港，在这家酒楼表演了两周。之后，也曾应邀到新加坡商量表演之事。

为了这桌五朝宴，广州酒家组织了多名厨师、点心师先后到北京、西安、开封、洛阳、杭州、南京等古都进行考察，搜集古代名食菜谱和烹饪特色，拜访当地名厨，共同追溯古菜渊源。经过深入研究和筛选，推出了一批具有唐、宋、元、明、清5个朝代特色的代表菜。将有历史故事的仿古佳肴，在继承传统方法的基础上，糅合粤菜的烹饪特点，古为今用，古菜今烹。比如，仿唐朝的有敬客驼蹄羹、遍地锦庄鳖；仿宋朝的有皎月香鸡、比翼连理；仿元朝的有香草烧羊串；仿明朝的有钟山龙蟠拼盘、七星螃蟹；仿清朝的有黄金肉、一品窝。点心方面，有仿宋朝的王母仙桃面点；仿明朝的白云如意面点；仿唐朝的长生粥；仿清朝的五香面等。

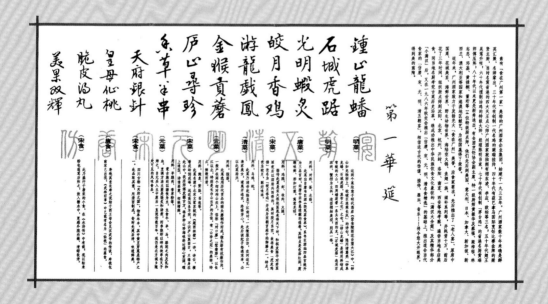

红炉伴雪衣

1986年秋季交易会，我们推出了"五朝宴"。其中有一个菜式是一道羹汤，是用驼蹄掌肉制成。必须说明的是，野生骆驼是国家一级保护动物，而当年入菜的骆驼是人工饲养的骆驼。

驼蹄自古都有入馔，不过，粤菜较为少见，因为粤地没有骆驼。

骆驼的其他部位肉质较粗，驼峰肥肉少，也有人用它入菜。只有驼蹄筋柔软滑香，曾被誉为"八珍"之一。据《异物汇苑》（明代收入《四库全书》）载，驼蹄羹原为两晋时陈思王所创，称"瓯值千金，号为七宝羹"。隋唐沿袭，多为贵族享用。唐代诗人杜甫有"劝客驼蹄羹"之句。据传，在唐代，驼蹄羹是宫廷御膳珍馐，唐玄宗与杨贵妃在华清宫，曾用此羹宴客。

用料：驼蹄肉（人工饲养）500克、发好口蘑50克、红萝卜粒30克、玉兰笋粒30克、唐芹粒30克、鸡肉粒50克、红鸭汤400克、上汤500克、精盐、味精、绍酒、花生油、麻油、胡椒粉、湿粉等。

制作：驼蹄飞水滚熟，再用草果、甘草、香叶、八角、姜片、葱条、唐芹等同滚煨至熟透，取出晾凉切成粒(玉米粒大小)。将玉兰笋粒、口蘑粒、唐芹粒、红萝卜粒飞水后滤干水分。烧镬落油，溅绍酒，落上汤、红鸭汤、驼蹄粒、鸡肉粒和其他配料，落精盐、味精调味，微滚后用湿粉推稀芡，加入麻油、胡椒粉推匀便成。

五朝宴之敬客驼蹄羹

第二華延

五福臨門 （唐菜）
鱸魚膾 （唐菜）
黃金肉 （清菜）
敬客駝蹄羹 （唐菜）
遍地錦裝鱉 （宋菜）
蒙古熏羊 （元菜）
比翼連理 （元食）
英公延壽 （唐菜）
芝麻火餅 （明食）
白銀如意
長生貢粥
添羹果盞

敬客駝蹄羹

南越王宴的由来

21世纪初，在推出了满汉全席、满汉精选宴、五朝宴和集四大菜系精华的圆桌中国宴之后，我们重新挖掘广府菜的渊源。

我们的着力点，在南越烹饪文化上面。粤菜追溯起来，有2000多年的历史，可以一直追溯到南越王时代。要还原南越王时代的菜困难比较大，毕竟年代太过久远，很多饮食习俗都改变了，食材变化更大。但寻找粤菜之源意义重大，我们要知难而上。

为此我们商量的结果是，以南越王菜为基础，制作一桌带有西汉饮食遗风的"南越王宴"。

翻查史料得知：公元前203年，在岭南大地上出现了第一个封建地方政权——南越国。因为与秦汉的交流，岭南与中原，得以在政治、经济、文化上融合。在饮食上具体表现为：中原先进的烹饪技艺和炊具与南越丰富的食物资源和饮食习俗融合在一起，飞、潜、动、植均可成佳肴，形成独树一帜的南越饮食文化。

这种兼容并蓄的饮食风俗，2000多年来，一直影响着岭南地区，奠定了"食在广州"的历史地位。

工作合照

我们从菜品、餐具、服饰、礼仪、典故、音乐、环境布局等方面追溯了广州2000多年来的饮食之源，精心制作了代表古越文化的盛宴：南越王宴。

在研发时，得到了广州西汉南越王墓发掘考古专家、原南越王博物馆馆长麦英豪先生、考古专家黄淼章先生提供的史料论证和指导。在菜肴方面，得到李秀松先生的支持论证。

南越王宴在菜单设计上力求结合典故，将古代和现代食材及史料相融合。每道菜式配合相关的南越国典故及饮食故事，让客人留下文化记忆。

本宴曾入选广州名宴席，名称是"食在广州·岭南饮食文化经典2006"。

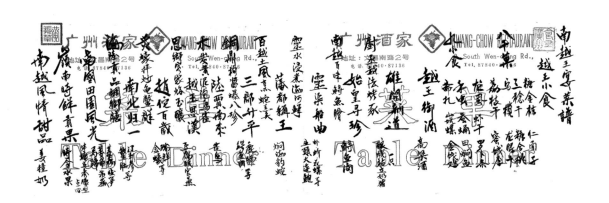

越王思汉

始皇寻珍

灵渠船曲

雄关新道

广州文昌鸡

经典粤菜 浸、拼、炒法

来源

20世纪30年代，广州西关西南酒家（广州酒家前身）厨师梁瑞等一众师傅，听说海南岛文昌出产的鸡非常肥美，特地组织多人前往考察。抵达目的地，经过尝试，发现此鸡名不虚传。特点是：鸡味鲜美，肉肥厚，美中不足的是鸡骨偏硬。回穗后，梁瑞便着手研究这种鸡的烹制方法。他把广府传统烹鸡的方法加以改良：热鸡起肉弃骨，切块，与鸡肝、熟火腿夹拼，再衬上青菜，摆相和口感都相当不错。怎么命名呢？此鸡来自海南文昌，加上当时西南酒家地址正巧位于文昌路口（文昌庙旧址），就叫"文昌鸡"。

主料： 肥嫩母鸡1250克（约1只半）

配料： 鸡肝250克，熟瘦火腿65克，郊菜300克

调料： 精盐5克，味精4克，湿粉15克，绍酒5克，上汤225克，淡二汤2000克，麻油0.5克，熟猪油75克，八角1颗，芡汤5克

初加工及精加工

◎将鸡宰净，放入微滚的二汤锅内，浸至刚熟。熟后取出，晾凉。起肉去骨，斜切成"日"字形，共24片。

◎将鸡肝洗净，用沸水浸，加入精盐、八角，浸至刚熟，取出切成"日"字形，共24片，盛在碗中。

◎将火腿也切成与鸡肉一样大小的24片。

烹制及装盘

◎将鸡肉、火腿、鸡肝相间，拼摆在长盘上，成鱼鳞形状。每行鸡肉、火腿、鸡肝各8片，分成3行，连同鸡的头、尾摆两端，翼分侧，成鸡形，将上汤烧热淋在碟里，将鸡浸回热后，滗出上汤。

◎烧镬下熟猪油、郊菜、精盐、二汤，炒至九成熟取出，滤去水。再下熟猪油、郊菜，用芡汤、湿粉勾芡，排在鸡的两侧及行距间，成4行。

◎烧镬下油，溅绍酒，加上汤、味精、精盐，用湿粉勾芡，下麻油和熟猪油推匀，淋在面上便成。

【技艺要领】

选用清远项鸡（未生过蛋的小母鸡），以度菜24件为例，净熟鸡肉最好用光鸡1只半（1只为生鲜900克）。每件熟鸡肉的重量、大小原则上要均等，如果选用一只大而肉厚的鸡，不宜改刀。切好拼摆时，用厚的胸肉来补背部薄的肉，拼成长方块"日"字形。浸鸡只要准熟即可，不能过火。上菜回热也可用上汤，热上汤淋在排放拼摆好的鸡件上，浸5分钟，滗汤即可。汤不可过热，否则鸡肉火腿都会卷起来，破坏造型及口感。此法在数量少时可用，特点是：使鸡肉保持有汤汁，口感更嫩香。芡汁必须用上汤调勾，淋在鸡面上要均匀。

广州茅台鸡

20世纪70年代经典粤菜 酒家用过油、蒸、炒、淋芡法

来源

此菜创于20世纪70年代，中美建交之际。当时，在国宴上，接待美国总统及美国贵宾都用茅台酒。茅台酒无人不识，风靡一时。茅台鸡用茅台酒烹制，因它有一股茅台的酒香味而大受欢迎。茅台酒度数高，此前很多厨师认为，这么高度数的酒只可饮用和腌制肥猪肉，用来烹制鸡肴，则是大忌，故鲜有人用。广州酒家的黄瑞师傅却另辟蹊径，运用巧妙的手法推出茅台鸡，令人耳目一新。

主料: 肥嫩清远光鸡1只（约900克）

辅料: 蘑菇12粒，湿冬菇12粒，虾胶160克，蟹黄25克，菜远200克

料头: 剥净红葱头40克，姜蓉15克，八角2粒

调料: 花生油1000克（耗150克），精盐1.5克，味精0.8克，蚝油10克，白糖0.5克，茅台酒25克，上汤75克，老抽0.8克，生粉25克，麻油0.5克，胡椒粉0.05克

初加工及精加工

◎光鸡洗干净，用开水烫皮后涂上老抽，烧镬下油至六成热，放下光鸡炸至皮大红色，取出。

◎葱头放下炸至金黄色，取出去油。

烹制及装盘

◎湿冬菇用上汤、精盐滚煨。

◎虾胶挤成丸子，酿在冬菇里，并粘上蟹黄，上笼蒸熟。

◎用干葱头、姜蓉、八角、精盐、味精、茅台酒拌匀，涂在光鸡的里、外，用碟盛载上笼蒸15分钟至熟。蒸熟的鸡滤出原汁，留用。

◎将干葱头放在碟里，将鸡斩件摆成鸡形，放在碟里。

◎菜远用上汤、精盐炒熟后拌在旁边，成扇形。

◎蘑菇用二汤滚煨后，再用上汤、蚝油、白糖、老抽、味精调味，用湿粉勾芡，取出放菜远面上。

◎将虾胶丸子，放在鸡尾，用上汤、精盐、味精、麻油、胡椒粉调味，湿粉勾芡，淋在面上。

◎烧镬下油，加入原汁，调味，加茅台酒至微滚，用湿粉勾芡淋在鸡肉上便成。

【技艺要领】

光鸡不能有破损，否则影响皮色。过油只是上皮色，不是要炸熟。茅台酒要分两次放。第一次，将炸干葱头、姜蓉调味后，才加入茅台酒10克，拌匀后涂匀鸡腔内外，先用大火蒸5分钟，后改用中火蒸10分钟至熟。中途将鸡翻转身一次。切记：当鸡下酒调制后要马上放入笼蒸，否则影响味道。熟鸡稍凉后斩块上碟时，要将干葱头垫在碟底，鸡在上面。第二次，在最后勾芡时，加原汁和补充点上汤，再倒入15克茅台酒。千万不能图方便一次把茅台酒全放了，否则会破坏鸡的肉质。

竹园椰奶鸡

经典粤菜 酒家用蒸、炒法

竹园椰奶鸡是用上汤浸鸡，配以百花酿竹荪的造型，再用牛奶、椰浆和上汤勾芡，使原来已经嫩滑的鸡肉更加香鲜嫩滑，外形更美。关键是掌握勾芡时放入牛奶的时间，一定要在调制上汤、椰浆勾芡后，微滚之际，才能放入牛奶，再推匀至熟，淋在鸡面上。

主料： 肥嫩清远光鸡1只（约800克）

辅料： 虾胶125克，湿竹荪50克，椰浆50克，鲜奶100克，芦笋200克

调料： 上汤50克，精盐1.5克，味精1克，麻油0.5克，绍酒10克，生粉15克，猪油125克

初加工及精加工

◎将光鸡洗干净，放在微滚的上汤里浸至准熟，保持鸡肉嫩滑。

◎将湿竹荪横切成圆形，用二汤、盐滚煨后，吸干水分，涂上生粉，将虾胶酿在里面，上笼用猛火蒸熟。

烹制及装盘

◎将鸡斩件摆回原鸡形放在碟里，烧镬落油搪镬，落上汤、精盐，将芦笋炒熟，伴放在鸡的旁边，再将蒸熟的竹荪放上。

◎烧镬落油搪镬，溅绍酒，落上汤、精盐、味精、麻油，用湿粉勾芡，落包尾油推匀，淋在竹荪面上。

◎再烧镬落油搪油，溅绍酒，落上汤、椰浆、精盐、味精、麻油、微滚后用湿粉推芡，后落牛奶推匀，落包尾油推匀，淋在鸡面上便成。

◎鸡要用上汤慢火微滚浸至准熟，皮爽肉嫩有汁。

◎竹荪浸发时要用干生粉拌搓，去其杂物异味，增白。蒸酿竹荪时需要用猛火，蒸5分钟至熟。

◎勾椰奶芡时火候不能大，慢火微滚即可，否则会出现豆腐花状。落汤调味后，用椰奶湿粉和匀的芡汁慢慢放下推熟，均匀淋在鸡面上。芡汁颜色以洁白匀滑有椰奶香为标准。

茶香鸡（太爷鸡）

经典菜式　浸、茶叶熏法

来 源

茶香鸡是运用广东的精卤水浸熟，再用水仙茶叶和黄糖粉炒热加温，让卤熟的肥鸡，吸收茶叶的香气而成。这款鸡肴融合了江苏的熏法和广东的卤法之长，烹成了既有江苏特色，又有广东风味的名馔。要做好这道名菜，制作卤水、浸熟和烟熏都是关键工序。

主料： 肥嫩清远光鸡1只（约750克）

辅料： 花生油150克，水仙茶叶100克，黄糖粉150克，精卤水

精卤水原料： 八角75克，桂花60克，甘草50克，草果25克，丁香25克，砂姜25克，陈皮25克，罗汉果1个，生油200克，生姜100克，长葱条100克，生抽5千克，绍酒2.5千克，冰糖2千克，红谷米150克

精卤水制法： 将八角、桂花、甘草、草果、丁香、砂姜、陈皮、罗汉果等用煲汤袋装好，袋口扎紧。红谷米另装，用不锈钢镬烧热，下生油、放下姜片、葱条爆香，放下生抽、绍酒、冰糖和药料，煮至冰糖完全溶解，再用慢火，微滚10分钟，捞出姜、葱和红谷米，撇去浮面物便成精卤水

初加工及精加工

◎将光鸡洗净去毛。

◎卤水烧至微滚后放入光鸡，慢火微滚，浸至准熟，取出摊凉。

烹制及装盘

◎中火烧镬下油，中火下水仙茶叶炒至有茶叶香味后放入黄糖粉，炒至起黄烟，随即将卤熟鸡架在茶叶面上（需与茶叶隔离）加盖焗5分钟。取出斩件砌成鸡形便成。

【技艺要领】

◎鸡的皮不能有破损，在汤镬里烫一下，马上放入清水里去毛。

◎浸卤水时不能大滚，避免鸡肉过熟。

◎炒茶叶的火候不能太大，否则茶叶有焦味。食用时可用三分之二的卤水对三分之一的上汤作佐料。

◎卤水每用完一次，要按照比例添加材料。每天用完要返滚一次，留作第二天用，才不会变质。

蚬芥鸡

经典粤菜　蒸、淋芡

来　源

蚬芥，是用河蚬的肉经过腌制、发酵而成的调味佐料。蚬芥酱成品带有蚬味又有广府腐乳的味道，是广东特有，如同蚝油一样让人喜爱。历史上曾有人用蚬芥焗鸡。之所以用焗法，是因为蚬芥酱有不受火（加温时间不能长）的特征，用它做菜容易失去香味，并使肉质变韧。

主料： 光鸡1只（约750克）

辅料： 蚬芥75克

料头： 姜丝5克，葱丝10克，姜件2片，葱两条

调料： 花生油20克，精盐5克，白糖3克，味精2克，绍酒10克，
上汤100克，生粉20克，麻油0.5克，胡椒粉0.05克

初加工及精加工

◎将光鸡洗净滤干水分。

◎姜丝、葱丝用精盐、味精拌匀后涂匀在光鸡的里外，先
将葱条放在碟里，再把鸡放在葱条面上，上笼蒸12分钟
至熟，蒸至6分钟左右时将鸡身翻转倒出内腔的水分，
准熟时取出晾凉。

烹制及装盘

◎将鸡斩件上碟砌成鸡形，原汁留用。

◎烧镬落油落姜丝葱丝，溅绍酒，将原汁、上汤、白糖、
味精等放入调味，微滚后放入蚬芥用湿粉勾芡，加上包
尾油推匀，淋在鸡肉表面便成。

【技艺要领】

◎隔水蒸鸡时火候不宜一直用猛（大）火，应该先用猛火，
5分钟后改用中火。

◎蚬芥酱是不受火的，不能久煮，可用作佐料。

◎蚬芥酱有很浓的咸鲜味，烹制时注意调配，要相应减少
咸味。

紫金酱凤爪

香港经典粤菜 炸、漂、扣法

来源

古人把鸡喻为"凤"，鸡脚就是凤爪。这个菜是20世纪80年代由香港同行传入广州的创新粤菜。香港师傅选用的是进口大鸡脚，经精心烹制而成的。鸡脚含有丰富的胶原蛋白，但皮厚、骨粗、肉少，从前外地人把它作为弃料。香港师傅化废为宝，反复试验，经过3次加热烹制，才成就这道美馔。

主料： 大鸡脚750克

辅料： 紫金酱25克

料头： 葱两条，蒜蓉10克

调料： 花生油1500克（耗100克），精盐7克，鸡粉5克，白糖4克，老抽2克，二汤800克，生粉20克，麦芽糖25克，绍酒7克，白醋7克

初加工及精加工

◎鸡脚斩去指甲，用清水加进少量麦芽糖、白醋滚熟后滤干水分。

◎将花生油烧至七成热放入鸡脚炸至金黄色，取出，放在冷水中漂清油腻。

◎用二汤、葱条、蒜蓉、绍酒、精盐、鸡粉、紫金酱将鸡脚扣脸。

烹制及装盘

◎将扣脸鸡脚晾凉后用紫金酱、精盐、鸡粉、白糖、蒜蓉拌匀排放在扣碗里，上笼蒸10分钟。

◎将蒸热的凤爪滗出原汁，复转在碟里、烧镬、落油、搪镬，放入蒜蓉、二汤、老抽，原汁用湿粉勾稀芡，淋在凤爪上即成。

第一次是水煮。水煮时水中加少许醋和饴糖（麦芽糖），醋可软坚，有助于鸡脚的皮肉与骨分离；糖可上色。第二次是油炸。经炸后，其皮松发胀，易于入口。第三次是蒸。蒸时加调味酱料。加何种酱料，可随人所好。其冠名及风味随酱料改变而改变，适应面广。其色金黄，有皱纹，松软涨满，饱含芡汁，有灌汤之感，肉软烂，骨易分离，入口即脱。可登大席，也可作小食。

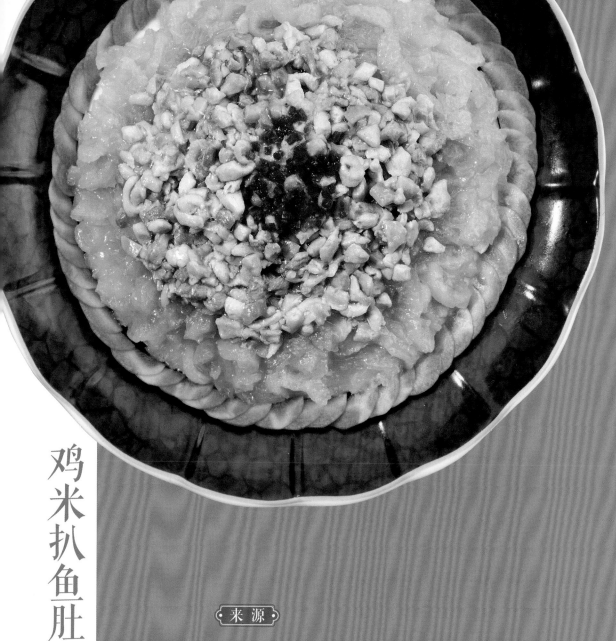

鸡米扒鱼肚

经典粤菜 扒、炒法

这是一道粤式"扒"菜佳肴。粤人烹鸡，多用蒸、煎、炆、炒、炸、扣等法，整只鸡或把鸡切成丁、丝、粒、片、蓉等，对鸡的烹调有过百款之多。本菜肴使用的鸡肉，需要加工成微粒，故称之为"鸡米"。此鸡米要整块鸡（半边鸡肉）连皮而用，所用刀法是先片后剁。带皮的肉（有筋）是比较难切得准确的，例如以前的韭黄炒鸡丝也是鸡皮连肉的，所使用的刀法俗称"跳刀"。实际上是用直刀法把斩和剁结合，很考刀功，功底厚才能使鸡肉的条形均匀不粘连。

主料： 发好鳝肚（人工养殖）250克

辅料： 鸡肉150克，火腿蓉，鸡蛋白

料头： 葱两条，姜件2片

调料： 花生油1000克（耗100克），上汤100克，二汤300克，精盐6克，味精5克，生粉20克，绍酒15克，姜汁酒10克，麻油0.5克，胡椒粉0.05克

初加工及精加工

◎将鳝肚切成粗条形，鸡肉切成小粒。

◎鳝肚用清水滚过后，再用葱、姜、二汤、姜汁酒煨透，取出，滤干水分。

烹制及装盘

◎再烧镬下油搪镬，溅绍酒，加上汤、盐、味精、鳝肚、麻油、胡椒粉，用湿粉勾芡，盛在碟里。

◎鸡粒用蛋白、生粉拌匀，烧镬下油至五成热，把鸡粒放入过油至九成熟，取出，滤去油分。

◎溅绍酒，加上汤、盐、味精、鸡粒，用湿粉勾芡，将鸡粒扒在鳝肚面上，撒上火腿蓉便成。

████ 【技艺要领】 ████

◎要将发湿的鳝鱼肚，滚煨透。确保无异味，且嫩滑不泻，味要和。因鳝肚是很吸味的，特别是咸味，所以要控制用盐的分量。

◎要用上汤对湿粉勾芡，俗称"包心芡"。这是用来锁住水分，防止泻水的关键。

◎鸡米过油后，一定要滤清油分。如果过油时用的是低油温，含油量就大，会影响菜肴质量。此菜肴要求是嫩滑味清。

棉花滑鸡丝

经典历史名菜　扒、炒法

这是一道历史名菜。广府俗称的花肚，其实是鳙鱼的鱼鳔。鳙鱼即淡水大头鱼，鱼鳔是一层白色胶质，晒成干品。吃时要用油发。炸花肚，将鱼鳔撕开后下到油镬里（油温180℃左右，用小火），用双笊篱不停地反复翻动，鱼鳔由下油时发胀身硬至浅黄色稍微发软，及时取出，自然摊凉。

主料： 发好花肚250克

辅料： 鸡丝200克，鸡蛋150克

料头： 姜件两片，葱2条

调料： 花生油1000克（耗100克），精盐6克，味精5克，姜汁酒10克，生粉20克，上汤50克，胡椒粉0.05克，麻油0.5克

初加工及精加工

◎ 先将鸡丝用蛋白、湿淀粉拌匀。

◎ 再将花肚切为粗丝滚煨过，压干水分。用油起镬落姜、葱，溅入姜汁酒，加入二汤、精盐将鱼肚放入煨透，取出，吸去水分，去掉姜葱。

◎ 鸡蛋去壳，落精盐、味精、胡椒粉、麻油等打匀，将吸干水分的花肚放入拌匀。

烹制及装盘

◎ 烧镬落油搪镬，落蛋、花肚，用中火炒熟，用上汤对湿粉勾芡，落包尾油炒匀，盛在碟里。

◎ 烧镬落油，烧至三成热，将鸡丝放入油至熟、倒在笊篱里，跟着溅入绍酒，落中汤、精盐、味精、鸡，用湿粉打芡，撒上胡椒粉，扒在鱼肚上便成。

【技艺要领】

◎ 用清水浸软花肚，用枧水洗去油分，再用白醋搓匀。白醋可中和枧水味，并让花肚洁白。之后再漂清水。漂时先用清水滚一次，再用姜片、葱条、姜汁酒煨好备用。

◎ 注意蛋和花肚的比例。花肚是主角，要比蛋多。花肚炒蛋要求干、碎，能体现花肚的形状，蛋炒老后会有蛋的香味。所谓桂花状，是加上包心芡后，看似厚实，口感却香嫩有汁。

◎ 此扒法与其他扒法略有不同，是俗称"分底面"的扒法。所以鸡丝是比炒法的芡饱满一些，芡不要太大，否则会变成羹。

骨香鹅片

经典粤菜　拉油炒炸法

◆ 来　源 ◆

鸭由野鹅进化而来，而鹅是由雁进化而来的家禽。据传，鹅的饲养历史比鸭更悠久，在公元前2000多年，中国和埃及就已经开始饲养鹅。粤菜的鹅，古称雁鹅，肉质醇香，俗称三鸟之一，是人类的主要肉食来源之一。

主料：鹅片300克，鹅骨150克

辅料：鲜笋片150克，丝瓜片10克，鸡蛋5克

料头：葱段10克，姜片5克，蒜蓉4克

调料：花生油1500克（耗200克），精盐3克，鸡粉3克，蚝油10克，
生粉100克，绍酒15克，老抽5克，白糖1克，麻油0.5克，胡椒
粉0.05克

初加工及精加工

◎鹅片用精盐、绍酒、湿粉拌匀腌制。

◎鹅骨斩成小件，洗干净，滤干水分，用盐、鸡粉、绍酒拌
匀，再用鸡蛋、生粉拌匀，粘上干生粉。

烹制及装盘

◎用上汤、蚝油、鸡粉、老抽、白糖、麻油、胡椒粉、湿粉等
调成碗芡。烧镬下油至六成热，放入鹅骨炸熟、酥脆，取出
放在碟里。

◎用二汤加盐将鲜笋片、丝瓜滚熟取出，滤干水分。

◎烧镬下油至五成热，放鹅片过油至熟，取出去油，下葱、
姜、蒜、鹅片、笋片、丝瓜，溅下绍酒，加碗芡炒熟，放在
碟中间便成。

【技艺要领】

◎此菜的特点是依主料的质地不同，而用两种烹调方法，即炸和炒进
行烹制。鹅骨质硬，经炸后变酥；鹅肉经腌制、快速炒制，则肉质
嫩滑，因而各得其所。因鹅肉较厚、较肥，要求刀功要均匀不能切
得太薄。上碟时有的将炸鹅骨伴在炒鹅片边上，以防炸鹅骨粘芡不
酥。也有的将炒鹅片覆盖在炸鹅骨之上。

◎此菜是用标准的粤菜炒法之"碗芡"进行烹制。在镬里边炒边倒入
碗芡，炒匀至熟。标准是让菜肴有芡而不见芡，有光泽无泻水。

鹅掌扒广肚

经典粤菜 炸、扣法

来源

鹅掌富含胶原蛋白，历来是食家嗜食之物。五代时谦光和尚就曾说过："但愿鹅生四掌，鳖留两裙。"清人钱泳《履园丛话》里也有"某公，平生好食鹅掌"之类的记载。但鹅掌的皮稍厚，骨也较大，因此，必烹至软烂方成可品之物。此品宜先炸，后焖，再炖扣，使之皮嫩滑，味厚香浓，方尽善尽美。与鳖肚搭配可谓天下佳肴，鹅掌呈枣红色、香醇，鳖肚洁白如玉，好吃且颜色悦目。

主料： 发好鳖肚150克，鹅掌10只

辅料： 菜远200克

料头： 姜件两片，葱2条，八角2粒，陈皮0.5克

调料： 花生油1500克（耗100克），精盐10克，味精5克，白糖4克，蚝油5克，老抽6克，生粉20克，上汤100克，二汤300克，绍酒15克，姜汁酒10克

初加工及精加工

◎ 将鹅掌斩去指甲、洗干净，用老抽涂匀，用油炸至金黄色，再用二汤、绍酒、精盐、蚝油、白糖、姜、葱、八角、陈皮等扣脸。

◎ 鳖肚切成长方块，用开水滚过后，再用姜、葱起镬，下姜汁酒、二汤、精盐等将鳖肚煨透。去掉姜、葱，滤干水分。

烹制及装盘

◎ 菜远用上汤调味勾芡后摆放在碟里。

◎ 将鹅掌摆放在菜面上，用原汁调味勾芡淋在面上。

◎ 鳖肚用上汤、精盐、味精、麻油、胡椒粉等调味后，用湿粉勾芡，放在鹅掌边上便成。

【技艺要领】

◎水发鳖肚。用清水浸2小时后取出，洗擦干净表面，再用清水浸8小时或一个晚上。取出再洗擦干净，用开水（10倍）浸焗2小时取出漂冷。试用筷子戳一下，能穿过才叫够身（软脸度）。如未够身，反复焗至够身为止。用清水漂冷后，泡着放在冰箱里备用。

◎油炸鹅掌时油温要高达210℃，才能使扣脸时皮软嫩松。由于油温高，鹅掌水分大，下鹅掌时油水雾化容易发生意外，操作时要小心，谨防事故。

◎鹅掌勾芡调味可在原汤汁里加上汤、蚝油，用老抽等调色调味。

嘉禾雁扣

20世纪80年代创新菜 泡、扣、炒法

来 源

嘉禾，指生长得特别茁壮的禾稻，古人视为吉祥的象征。这个菜是我为参加第二届全国烹饪技艺比赛而创作的，并获得铜牌。此品以冬瓜和烧鹅为主料，再以麦穗花、鱿鱼和青菜伴碟而成。冬瓜，古称地芝、水芝。自古以来，被认为是减肥妙品。唐代孟诜所著的《食疗本草》这样评价冬瓜："欲得体瘦轻健者，则可长食之；若要肥，则勿食也。"

主料：烧鹅肉200克，湿鱿鱼200克

辅料：冬瓜750克，菜远200克，大地鱼末0.6克

料头：蒜蓉4克，姜米5克

调料：花生油1500克（耗100克），精盐6克，味精2克，白糖6克，生粉30克，
蚝油5克，老抽6克，上汤100克，绍酒10克，麻油0.5克，胡椒粉0.05克，
姜汁酒20克

初加工及精加工

◎湿鱿鱼洗干净后，先直刀，后用斜刀切成麦穗形刀花，用姜汁酒拌匀。

◎烧鹅肉斜刀切成厚件。

◎冬瓜去皮、瓤后切成长形厚件，冬瓜件用开水滚熟后，放在清水里
过冷。

烹制及装盘

◎烧镬落油搪镬，下蒜蓉、姜米、烧鹅肉、溅绍酒，加上汤、大地鱼末、
精盐、味精、麻油、冬瓜等在镬里略焖，取出，在碗里扣成万字形，放
汁，上笼蒸10分钟，取出，滤出原汁，覆转在碟里。

◎烧镬下油搪镬，下菜远、上汤、精盐、白糖，炒至菜远熟，取出，伴在
冬瓜旁边成禾穗形。

◎用上汤、蚝油、精盐、味精、白糖、麻油、胡椒粉、湿粉和老抽调成碗
芡。烧镬下油至六成热，放下鱿鱼过油至九成熟，取出去油，下蒜蓉、
姜米、鱿鱼，溅绍酒，下碗芡炒匀至熟，加包尾油，取出，伴冬瓜旁
边。再将原汁用上汤调味，用湿粉勾芡，淋在冬瓜上便成。

【 技艺要领 】

◎冬瓜不含脂肪，味淡，是其短；但用它与味浓或味鲜之肉料共烹，则可尽吸
肉之精华，此为其长。粤菜的奥妙之处是通过搭配互相取长补短。烹之技
法，就是把味美香浓的广东烧鹅肉和清淡的冬瓜共冶一炉，使其达到"有味
使之出，无味使之入"的效果，此谓匠心。

◎刀工要均匀，冬瓜焖烧鹅肉的时候千万不能放老抽，老抽是烹冬瓜的忌物。

◎为了使鱿鱼刀花靓和味浓，选用潮州所产的达濠鱿鱼为佳。

陈皮炖鸭

经典粤菜　煲炖法

来 源

陈皮炖鸭是在煲拆红鸭基础上引申出来的一道菜肴。煲拆红鸭，是半制成品，制法复杂，作料多样。首先要将鸭宰净，先炸后煲制而成。煲时用陈皮、八角、姜、葱、绍酒、酱油和盐等调味取色，味道香浓。用它为底配以不同的配料和烹制方法，可以制成几十种名菜，故行家们称它为粤菜的镇山宝，俗称"红鸭底"。用它制成"陈皮大鸭"，其色呈褐红，其质嫩软滑，其味甘香。

主料： 拆红鸭1只约500克

辅料： 原红鸭汤750克，上汤750克，二汤100克

料头： 湿陈皮丝2克，菜远1条

调料： 味精2克，胡椒粉0.03克

初加工及精加工

◎将开背的红鸭从背脊取出锁喉骨、四柱大骨、颈骨、胸骨、脊骨。将颈骨、脊骨和胸骨放回红鸭里面，放在汤锅里（鸭肚朝天）。

烹制及装盘

◎将上汤、二汤和红鸭汤和匀烧至微滚，用味精调好味，便倒入砂锅中，放入陈皮丝，随后放入笼内蒸约15分钟。取出，撇去汤面油，撒上胡椒粉，把菜远焯熟，放在鸭肉上便成。

【技艺要领】

◎ 煲红鸭：将宰净光鸭去净内脏，剁去翅尖和翅肘节，留鸭剁去鸭嘴三分之一，断四柱骨，切去尾，在背中用刀拉十字（约2厘米），用老抽把鸭涂匀。将油烧至210℃，将鸭放入炸至全身大红色，取出，去油。在礤里垫上竹笪，炸过的鸭（10只分量）加陈皮25克、八角10克、精盐15克，水浸过鸭背（3~4厘米），大火烧滚后改用小火，滚起后放老抽调色，加盖煲约1小时至腍（视鸭的老嫩而定）。最佳搭配是和广东名菜扒肘子一齐煲，带有皮筋的猪肘肉和鸭的甜味调和，又香又浓。煲红鸭的汤汁就是著名的粤菜红鸭汤（陈皮鸭汤）。

◎ 自古以来，陈皮都是人们喜爱的天然增香剂及药膳调味料。它既能养生下气，又能为菜肴增香。俗话说"一两陈皮一两金"，就是对陈皮的高度赞誉。

荔蓉窝烧鸭

经典粤菜　酿、浸炸法

来 源

荔浦芋头是广府师傅爱用的食材，用起来得心应手，淋漓尽致。荔芋的芋蓉馅分两大类：1. 荔芋蓉里无添加其他配料，只有调料，如蜂巢芋角，荔蓉鸡粒角，荔蓉凤尾虾，荔蓉鲜带子等；2. 在荔芋蓉里添加了配料，增多了与蜂巢荔蓉不同风味、风格的佳肴。

主料： 红鸭1只

辅料： 荔浦芋头300克，虾胶100克，叉烧肉粒50克，湿冬菇粒2.5克，鸡蛋10克，澄面75克，生粉20克

料头： 葱花10克

调料： 花生油1500克（耗70克），蚝油10克，上汤50克，味精2克，精盐2克，白糖1克，猪油4克，麻油0.5克，胡椒粉0.04克

初加工及精加工

◎将荔浦芋头去皮后，切件，上笼蒸熟，捣烂成蓉。

◎将虾胶加精盐拌至起胶，将荔浦芋蓉、熟澄面、味精等放下搓至有黏性，再把叉烧粒、湿菇粒、麻油、胡椒粉、白糖放入搓匀成荔蓉馅。

◎将煲好的红鸭原只从背部除清骨，放在碟里鸭皮向下，先撒上少许生粉，再涂上蛋浆粉，将荔蓉馅铺平在面上。

烹制及装盘

◎烧镬下油至七成热，放入鸭炸至身硬、金黄色、熟，取出，切成3条，每条切"日"字件8块。排放在碟里，用上汤、葱花、蚝油、白糖、味精调味，用湿粉推成芡放在碗里，另作佐料跟菜上席。

【技艺要领】

◎窝烧鸭，是用蛋浆粉包裹着陈皮红鸭，经油炸而成。它与北方的香酥鸭有相同风味。此窝烧鸭，在荔蓉馅里添加了虾胶、叉烧肉粒，使荔蓉有嚼劲，其味甘、香、酥。特别要注意油温，在铺酿荔蓉馅时要均匀，油炸时先高温将表面定形，而后改用中火油温浸炸至熟，如果开始时油温低会将荔蓉馅炸得飞散，如果一直保持高温会外焦内生。

◎把拆红鸭铺平在碟里时，要将肉厚部分取出些肉补在肉薄处。取出的鸭肉可用些蛋浆粉和匀，涂在鸭肉上，然后再铺酿荔蓉馅。荔蓉馅最佳的使用条件是搓匀后放在0℃的冰柜里冷冻2小时再使用。

婆参扒大鸭

经典粤菜 扣、焖、扒法

婆参，又叫猪婆参，正名是白石参。参身白色，有木灰，形状像母猪的乳房，每500克有2~3只。极品猪婆参可发大6倍，整只上桌极为壮观。它分布于太平洋的中国南海，广东、海南和西沙群岛、中沙群岛一带。与刺参相比，婆参肉多而软滑，刺参比较爽口。婆参以参体粗壮、肉质厚实为佳。

主料： 煲好红鸭1只，发好婆参120克

辅料： 菜胆200克

料头： 姜件两片，葱2条

调料： 花生油120克，原红鸭汤150克，上汤100克，精盐3克，味精2克，老抽5克，生粉25克，二汤500克，绍酒15克，姜汁酒10克

初加工及精加工

◎ 将发好海参切成长方块，用清水滚过，烧镬下油搪镬，下姜件、葱条略爆，溅姜汁酒，加二汤，放下海参滚煨透取出，去掉姜葱。

◎ 将滚煨过的海参放在碗的两边，将腿去骨的红鸭放在碗中间，淋上原鸭汤上笼回热后，倒出原汁覆转在碟里。

烹制及装盘

◎ 白菜胆用二汤滚脸，再用上汤、精盐、味精调味，下湿粉勾芡炒熟后伴在边上。

◎ 烧镬下油搪镬，溅绍酒，加红鸭汤，再加入上汤，用精盐、味精调味，微滚后用老抽调金红色，再用湿粉推芡，下包尾油、麻油、胡椒粉推匀淋匀在鸭便成。

【技艺要领】

海参以无残破、身干爽为上品，涨发后一般为干品的5~6倍。涨发的方法有两种：1. 一般认为海参表面白灰很难除，就用火炙燎去其皮层才浸、焗、煲，此法涨发效果一般，不能长久存放；2. 是用清水浸泡1个晚上后，用百洁布洗擦1次，加清水微火至滚开后停火，加盖原罉焗4小时至冷，取出过冷。洗擦第二次，基本上可以洗去白灰九成，然后每隔3小时换清水1次，此时已经是五成脸了。用中火再煲至微滚开30分钟，煲的时候不能加盖。停火，加盖焗至水冷，约八成脸，取出，漂冷（每小时换水1次），反复3~4次后去内肠、杂物和余灰后，用清水浸泡，存放在冰箱里备用。如有条件，涨发、浸泡冷水时都放在冰箱里最佳。不能一次煲脸，反复多次加温、换水是为了释放枧灰味。

红棉嘉积鸭

经典粤菜　煲、蒸、扒法

· 来 源 ·

广府人将海南嘉积所产的鸭称为"番鸭"。据传，这是三百多年前由华侨从马来西亚引进、培育而成。嘉积人养鸭，采用传统的栏养法，饲养合理。其肉多骨软，高蛋白，低脂肪，富含氨基酸和多种维生素。此菜肴先将鸭宰净，制成红鸭（陈皮鸭），然后摆盘，用蛋清、虾胶、蟹黄放在花盏里蒸制成。"红棉"是指花盏以熟青菜伴边造型美观大方，成品色深红、质软烂、味香馥。

主料： 煲好红鸭1只

辅料： 郊菜60克，虾胶60克，蟹黄20克，鸭蛋清180克

调料： 上汤80克，原红鸭汤60克，花生油80克，精盐3克，味精3克，
生粉20克，老抽5克，绍酒15克，麻油0.5克

初加工及精加工

◎将虾胶挤成12个丸子，放在碟里，将蟹黄放在面上，上笼用
猛火蒸两分钟至熟取出。

◎花盏模具抹上花生油。鸭蛋清下精盐、味精打匀后去泡沫，
将鸭蛋清分放在花盏里，再把熟虾胶放在中心，上笼用慢火
蒸2分钟至熟，取出，稍凉后将花盏脱出。

◎红鸭从背脊撕开，从里面取出锁喉骨、四柱大骨、颈骨、胸
骨和脊骨，将颈骨和脊骨分段后放回里面。

烹制及装盘

◎将鸭放在容器里，加入原鸭汁上笼回热，取出，滤出原汁，
将红鸭覆转在碟里，摆成鸭形。郊菜用二汤、精盐炒熟后，
滤干水分伴在旁边。烧镬下油搪镬，溅绍酒，加原鸭汁、老
抽、味精、麻油、胡椒粉等微滚，用湿粉推芡，加包尾油，
淋在鸭身上。将鸭蛋清花盏回热后放在郊菜面上。用上汤、
味精、精盐、麻油等调味，用湿粉勾芡，加包尾油推匀，淋
在鸭蛋清花盏上便成。

【技艺要领】

20世纪50年代盛产嘉积鸭，价廉物美供应量大，广州酒家用鸭和鸭
蛋创制了佳肴：红棉嘉积鸭。嘉积所生产的鸭肉厚、味甜而皮上肥
油不多，是制作陈皮红鸭的最佳食材。在制作红棉花盏时要使用两
种不同的火候：蒸虾胶蟹黄心时要用猛火（大火），蒸红棉盏鸭蛋
清时要用慢火（仅有蒸气），反之菜品不能成功。回热红鸭时一定
要放红鸭原汤，使其在加热时不至于因原汁流失而影响质量。

百花煎酿鸭掌

经典粤菜　煎酿法、淋芡法

广东人认为，鸭的掌好吃，鹅的头好吃，鸡的翼好吃。故有"鸭掌、鹅头、鸡两翼"之说。但鸭掌较小，且骨粗肉少，欲得善味，必须妙法烹之。取煎酿法，可得特殊风味。其法是将肥美质嫩的鸭滚熟去骨，用姜汁酒、盐等滚煨入味，取出吸干水分，瓤上虾胶粘上火腿蓉，将粘有火腿蓉那面煎至呈浅黄色面，下油，用温火温油浸虾胶面至熟，如油多油温高会把酿鸭掌炸熟，导致皮老不软滑。最后配以蚝油、上汤芡，色泽金黄，质爽滑，味鲜香。

主料：鲜鸭掌24只，虾胶360克

辅料：火腿蓉20克

调料：花生油500克（耗100克），精盐15克，味精2克，蚝油5克，白糖0.5
克，老抽2克，生粉10克，麻油0.5克，上汤100克，二汤150克，胡椒
粉0.05克，姜汁酒25克

初加工及精加工

◎鸭掌用精盐擦干净，再用清水洗干净，用滚水煮至六成腍，取出泡
在冷水里，从鸭掌的掌背将骨退出，并去筋和掌枕。用二汤、姜汁
酒、精盐等将鸭掌滚过，取出吸干水分。

◎在碟里撒上干粉，将虾胶挤成24粒，放在碟里，然后将沾有生粉的
一面粘在鸭掌背上，捏回掌形，抹平，面上沾上火腿蓉。

烹制及装盘

◎烧镬、落油、搪镬，将粘有虾胶的一面鸭掌向下排放在镬中，用慢
火煎至浅金黄色，边煎边下油至虾胶熟透，取出排放在碟中。

◎烧镬、落油、搪镬，溅绍酒，落上汤、老抽、白糖、味精、麻油、
胡椒粉，用湿粉勾芡落包尾油推匀，淋在排好的鸭掌上便成。

【技艺要领】

创于20世纪50年代，那是鸭的盛产期。1. 拆鸭掌时一定要将鸭掌的筋和
脚茧除去。2. 虾胶用淡水虾肉为佳（肉质嫩爽滑），酿鸭掌时干生粉不
宜多。3. 煎百花酿鸭掌，要烧热镬搪油，离火，放鸭掌，注意把虾胶面
向镬，用中火边煎边下油，并搪动，以防粘镬和受火不均匀。油不能加至
高出鸭掌面，加镬盖，盖着端离火位，浸焗2分钟至熟。加盖还可防止被
鸭掌皮爆出的热油烫伤。4. 取出酿鸭掌，上碟排放好后淋芡，不能放在
镬里兜匀。

柴把火鸭

经典粤菜 煨、扒法

来源

广东烧鸭（广府人俗称火鸭）与烧鹅一样，驰名全国。清光绪年间的《羊城竹枝词》载："广东烤鸭美而香，却胜烧鹅说古冈，燕瘦环肥各佳妙，君休偏重便宜坊。"可见烧鸭与烧鹅一样，在粤菜中久负盛名。广东烧鸭与北京烤鸭有所不同，北京烤鸭内里是无加味的，广东烧鸭在烧之前内里已经调好了味，烧出来又香又和味。

主料： 烧鸭肉150克

辅料： 芥菜梗100克，鲜笋100克，火腿25克，湿料菇50克

料头： 梅菜梗20条

调料： 花生油5克，味精2克，精盐5克，上汤150克，绍酒5克，麻油0.5克，胡椒粉0.05克

初加工及精加工

◎芥菜梗用滚水加枧水滚熟后，用清水漂去枧水味。

◎将芥菜梗、鲜笋、冬菇等切成粗条，用二汤、精盐滚煨过。

◎烧鸭肉、火腿均切成条形，梅菜梗撕成细丝。

烹制及装盘

◎将烧鸭肉、火腿、芥菜、鲜笋、冬菇各一条叠齐，用梅菜丝拦腰扎实，形似柴把，放在碟里排好，上笼回热。

◎烧镬下油搪镬，溅绍酒，再下上汤、精盐、味精、麻油、胡椒粉，用湿粉勾芡，下包尾油推匀淋在鸭扎上便成。

◎广东烧鸭除了做烧卤冷菜，家常菜之外，还可以做多种菜式的配角。因为它皮色大红、肉质甘香味浓郁，许多粤菜都运用其特质演变成众多的美味佳肴，如火鸭炆冬瓜、荷叶饭、银芽炒火鸭丝、冬瓜盅等。柴把火鸭是运用火鸭肉做出来的一个夏季菜肴，做工精细，集香、爽、甘于一肴，加上上汤的肉味，成为一款清爽可口的夏季佳肴。

◎柴把火鸭的用料要新鲜才能使菜肴色泽鲜艳，回热时注意时间，不宜长，用中火回蒸3分钟即可，否则就会形变收缩。因本味清鲜，芡不宜浓稠。

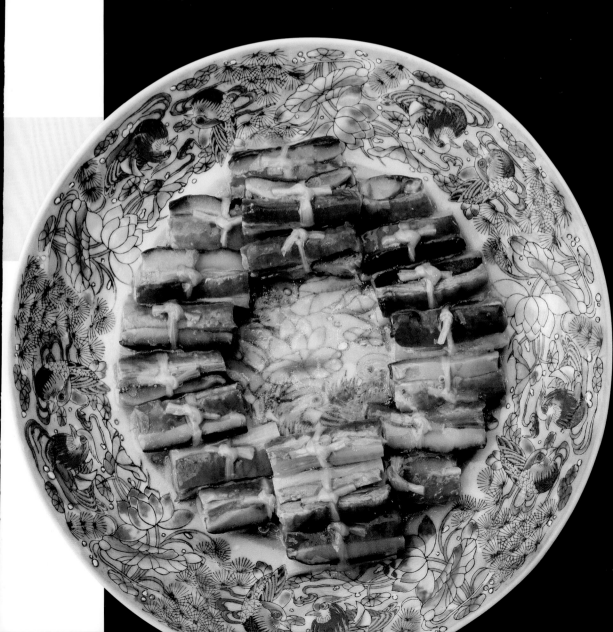

紫萝鸭片

经典粤菜　拉油炒法

◄ 来源 ►

广东夏季时令菜。屈大均《广东新语》："当盛夏时，广州人多以芷姜炒子鸭，杂以小面子其中以食。"芷姜即初产的嫩姜，子鸭即初长成的嫩鸭，人面子即是仁面果，此果味酸，芷姜味辛，两者都产于夏。其时，珠江三角洲农村的子鸭也大批上市。三者合而为馔，已有数百年历史。近几十年，仁面果已少面市，而与其有同样酸味并含甜质的菠萝却日益增多。改仁面果为菠萝片，"紫萝鸭片"便应市而生。

主料：鸭肉200克

辅料：腌姜芽150克，菠萝100克

料头：葱榄10克，蒜蓉4克，红椒件10克

调料：花生油500克（耗60克），芡汤35克，糖醋20克，湿粉12克，麻油0.5克

初加工及精加工

◎将鸭肉片成薄片，用蛋白拌匀，再用湿粉拌匀。

◎姜芽切成片，滤干水分。用芡汤七成，糖醋三成与湿粉调成碗芡。

烹制及装盘

◎烧镬下油，烧至四成热，把鸭片放入过油至准熟，取出去油。

◎将姜芽、菠萝（切片）放在镬中炒热后，加入鸭片，溅绍酒，下碗芡炒匀，加些包尾油、麻油炒匀，上碟便成。

◎腌姜芽：嫩姜芽1000克，精盐0.13克，白醋200克，白糖180克，酸梅子2粒。制作时，用不锈钢刀刮去姜衣，如果用铁器刮姜皮则姜的色泽容易发黑。把姜切成2厘米的片，用10克精盐拌匀腌30分钟，取出用清水洗去盐味，抓干水分，放在容器里。将梅子抓烂放入装姜的容器里，拌匀至姜芽呈鸳红色，然后用白醋煮溶白糖、精盐，把晾凉后的糖醋放入，腌制2小即可使用。

◎姜芽要抓干原醋汁，并用慢火在镬里干炒至热，爽身。利用烧镬的时间将碗芡调好。鸭片拉油时要用"猛镬阴油"，将鸭片过油至熟保持嫩滑。放碗芡时要用镬铲边炒边倒入芡汁，防止凝结或不均匀。

香芋扣肉

经典粤菜　蒸酱扣法

扣肉的"扣"字有二义。一是环扣，即将切成片状的肉，一片一片地环扣在大海碗里；二是反扣，即将肉蒸炖成熟以后，反扣在碟上。因此，严格来说，扣，并不是一种烹调方法，而是一种半制成品造型。扣肉是以造型命名的菜肴。关于扣肉，清代末年的《调鼎集》中有记："肉切大方，皮向上。"

主料： 猪五花肉500克

辅料： 荔浦芋头400克，青菜25克

料头： 蒜蓉4克，八角末0.5克，南乳15克

调料： 花生油1500克（耗75克），精盐2.5克，白糖5克，老抽25克，湿粉25克，淡二汤200克

初加工及精加工

◎ 将芋头切成长6厘米、宽3.5厘米、厚4厘米的长方块，用火燎去肉皮上的毛，刮洗干净，放入沸水锅中煮至七成软烂时取出，用老抽（10克）涂匀。

◎ 将蒜蓉、南乳、精盐、八角末、白糖和老抽（10克）调成料汁。

◎ 用中火烧热炒锅，下油烧至八成热，放入芋块，炸至熟后捞起，再放入猪肉炸约3分钟至大红色，倒入笊篱沥去油后用清水冲漂约30分钟，取出切成与芋头同样大小的块。

◎ 将肉块放入料汁碗内拌匀，再逐块将皮向下，与芋块相间排在大碗中，上笼。

烹制及装盘

◎ 用中火蒸约1小时至软烂取出，复扣在大碟里，周围伴青菜。

◎ 用中火烧热炒镬，倒入扣肉的原汁，加淡二汤和老抽（5克），用湿淀粉勾稀芡，加油（15克）推匀，淋在扣肉上便成。

【 技艺要领 】

选用猪的五花腩肉中段（肥瘦相间），抹老抽后要在猪皮上扎针孔，为的是防止经油炸后，猪皮起泡导致皮肉分离，油温高才能爆起小泡；为防高温的油伤人，要加盖挡护以防止沸油灼伤。取出，先放在二汤罐里微滚，去浮油再漂清水，去清油后，横切成长形片状，用蒜蓉、南乳、精盐、白糖、香料粉、老抽等调成味料拌匀，与炸过的同样大小的香芋块相间而列，排扣在大碗里（皮向下）入蒸笼蒸脍。风味：脍而不糜，肥而不腻；芋有肉味，肉有芋味，浓郁可口。

糟汁牛双肱

经典粤菜 糟泡炒法

牛双肱是广东人的习惯叫法，指的是肱胘。胘是牛胃的最厚处，糟汁即红糟。红糟是酿制红酒的副产品，是用红曲和糟米酿制而成的，以贮存1年为佳。其色艳、香浓、味醇，含有维生素C、维生素B₁、酵母菌、酒醇等，具有防腐、去腥、增香、生味、调色的功能。

主料： 牛双胘1000克

辅料： 红糟汁40克

料头： 蒜蓉5克，姜米5克，葱花15克

调料： 花生油1500克（耗100克），精盐6克，鸡粉5克，麻油
0.5克，胡椒粉0.05克，绍酒5克，湿粉10克，上汤60克

初加工及精加工

◎将牛双胘外衣、筋膜除去，直刀顺纹刻上3/4的深度，
再横纹斜刀切成梳仔块。用清水浸泡20分钟，取出，用
生粉拌匀。

烹制及装盘

◎用上汤、精盐、鸡粉、麻油、胡椒粉、红糟汁、湿粉调
成碗芡。

◎烧镬下油至六成热，放入牛双胘过油至九成熟，取出
去油。

◎将姜、蒜放下镬中爆至有香味，放入牛双胘，溅下绍
酒，落碗芡炒匀至熟，落包尾油便成。

【技艺要领】

原料是牛胃最厚处，要去其皮膜只用其心。皮膜不必弃，很多
人用它来煲粥。去皮膜后，把净料用斜刀横纹切断成薄片。烹
饪时火候要掌握好，要恰到好处，不能过熟，准熟为佳，否则
会韧。这是一款具有特别风味的菜肴，色泽艳丽，糟香嫩滑。

遍地锦装鳖

经典粤菜　炆扒法

此菜原创于唐中宗时期。据传是尚书左仆韦巨源进献给唐中宗的一道名菜。鳖俗称甲鱼、水鱼、鼋鱼、脚鱼，原属于野味类烹饪原料，近20年人工养殖业兴起，市面上出现的都是人工养殖品种，厨师取材一定要注意，务必遵守国家相关政策及法规。此菜改革创新后成型美观，滋味浓厚，胶原蛋白丰富，口感好，与羊合烹，即鱼羊鲜。这道菜肴是当年为广州酒家的"原桌中国菜"而创。

主料： 宰干净水鱼（人工养殖）1只（约750克）

辅料： 羊肉500克，咸蛋黄3只，火腩30克

料头： 炸蒜子50克，陈皮末5克，湿冬菇10克，姜件10片，葱4条，姜米2克，蒜蓉2克

调料： 花生油1000克（耗125克），蚝油10克，味精5克，精盐4克，老抽6克，二汤600克，干生粉10克，湿粉15克，麻油0.5克，胡椒粉0.05克

初加工及精加工

◎水鱼用沸水烫至能退衣，退衣后洗干净，去清肥油；将水鱼斩件后，用开水滚至准熟。水鱼壳用清水加入姜件、葱条滚透，退下裙边，改成12件。

◎羊肉斩件。

烹制及装盘

◎烧镬下油、下姜片、葱条、水鱼、羊肉，溅绍酒，爆炒至香，略滚至准熟，取出，加老抽、生粉，拌匀，拉油至熟，取出。

◎在镬中加入料头、火腩、冬菇、炸蒜子、水鱼、羊肉，溅绍酒，下二汤、陈皮、味料、胡椒粉加盖炆至脸，取出，放在碟里，用原汁加入咸蛋黄粒，调好味，用湿粉勾芡，加麻油、尾油，淋于水鱼上即成。

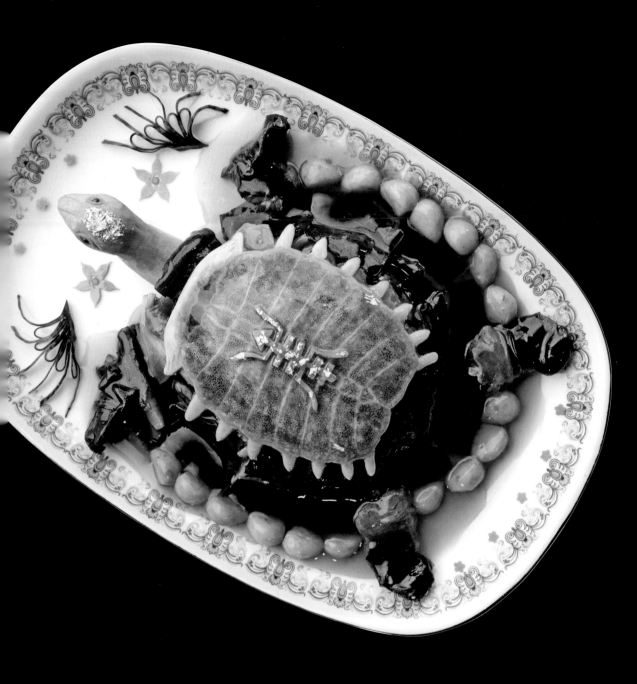

◎在宰杀水鱼时，一定要清除干净血污肥油，否则成菜后腥味很重。

◎水鱼用姜、葱、姜汁酒滚煨后滤干水分，用老抽拌匀撒上干生粉，用200℃高温油，过油才能使水鱼的胶原味和酱香味和合一起，香味四溢。这道工序是成菜增香的关键。

◎羊肉也要滚煨去其异味。

上汤金菇肥牛

创新粤菜　氽汤法

这是20世纪90年代的创新粤菜。当年有很多进口食用牛肉，质量非常好。肉质鲜嫩，有肉香，且色泽鲜明。因为食材的变化，我们烹调的方法也随之改变了。肥牛是指牛腩部位的肉，这里是一层肉一层肥油，鲜嫩且带有脂香。与在温室培育的鲜金针菇合烹，用粤式氽汤技法，配上汤，就是一道佳肴。

主料： 金针菇150克，上汤1000克，肥牛肉250克

料头： 姜丝3克

调料： 花生油5克，精盐1克，味精0.6克，麻油0.5克，胡椒粉0.05克，绍酒5克，二汤500克

初加工及精加工

◎将肥牛肉冷冻后，切成24件薄片。

◎金针菇切去老根后撕开，用肥牛片将金针菇卷实。

烹制及装盘

◎烧镬、落油、搪镬，落姜汁酒、二汤、精盐，用慢火将金针菇、肥牛浸熟，取出，排放在砂锅里。

◎取上汤，落绍酒、精盐、味精、麻油、胡椒粉，微滚后撇去泡沫，淋在砂锅里便成。

【 **技艺要领** 】

◎金针菇要去掉老头，一条条撕开。肥牛肉冷冻实身后用刨机刨成长薄片，将金针菇放在里面卷着，用二汤微火浸熟，不能用大火滚，大火会使牛肉和金针菇变老。

◎上汤：瘦猪肉4 700克，老光鸡2 000克，生斩火腿750克，味精50克，精盐50克。熬制：将肉料斩块后一齐放在汤煲里。加入清水21千克，先用猛火烧至滚开后撇去泡沫血污，后转用慢火熬制，以汤滚起虾眼状的滚泡，汤面呈菊花心状时，火候为佳。中途不要停火，撇油。熬4个小时，起上汤15千克。起汤时先撇去浮在面上的油和浮物，再用洁毛巾将汤过滤，精盐、味精放在盆底里便成上汤。汤的味道是绝对比泉水好的。如川菜里著名的开水白菜，并非真用白开水，而是比喻吊汤能澄清得接近白开水。年轻的厨师应该努力学习，发扬优秀的粤菜烹饪理论和成果，实事求是，泉水比汤好味是歪理。

三色龙虾

经典粤菜　拉油炒法

来源

三色龙虾是我当年在第二届全国烹饪技艺比赛上的参赛作品，荣获了金牌。龙虾，个大、肉丰、味鲜，是名贵的海鲜，可用多种方法烹制。比赛规定要做一个海产类菜肴和一个禽畜类菜肴。海产类菜肴，我选用了龙虾。这道菜是专门为比赛而设计的，运用粤菜的炒法，利用龙虾形状威武、肉爽味鲜而创制出三色龙虾。因为当时还比较少有鲜活的龙虾，我是从汕头订货，亲自带到北京的比赛现场。此过程中，我对龙虾进行了冷冻加工，运用了粤菜的腌制手法。

主料： 活龙虾1只（约1250克）

辅料： 鲜笋100克，芹菜50克，甘笋50克，西兰花300克，腰果仁50克

料头： 芫荽20克，姜片5克

调料： 花生油1000克（耗150克），精盐10克，味精5克，白糖3克，绍酒5克，湿粉10克，上汤20克，麻油0.5克，蛋清15克，生粉5克，二汤200克

初加工及精加工

◎用竹签从龙虾头部插入，放入冰水中浸10分钟后，把龙虾肉整条从肚部取出，切成两半，再切成粗粒；用精盐、味精、蛋清、生粉等拌匀，头、尾留用。

◎将鲜笋、甘笋、芹菜梗切成十字形，将腰果仁炸至松脆，将虾头和虾尾蒸熟，用热油淋至大红色，摆在盘的两端。

烹制及装盘

◎烧镬下油，放入西兰花、二汤、精盐、味精炒至熟，滤干水分，西兰花摆放在盘四周，与虾头、尾砌成虾形。

◎用上汤、精盐、味精、白糖、湿粉调成碗芡，放二汤，加精盐，将笋粒、甘笋粒、芹菜粒滚熟，取出滤干水分。

◎烧镬下油至六成热，把龙虾肉泡油至仅熟，倒出去油；下姜片及全部原料（腰果仁除外），溅绍酒，下碗芡炒匀后，再下腰果仁，加包尾油炒匀，盛在西兰花中间便成。

【技艺要领】

◎选龙虾要注意：第一要选鲜活的，只有这样，虾肉才透亮。加工时要放尿，否则影响肉质的鲜美。宰净即时用冰水浸泡20分钟，而后把整条龙虾肉取出。改刀时要顺着虾肉的纹路切，否则烹熟后会大小不匀。拉油时要用"猛镬阴油"，五成油温至六成熟，油温过高或时间过长，都会使虾肉失去嫩爽滑的口感和洁白的颜色。

◎此菜肴在2006年第一百届广交会的开幕酒会上被定为头盘菜。当天筵开百席，由广州市政府做东道主，广州市商务委员会邀请我去给花园酒店的师傅做示范。100碟三色龙虾出场时，犹如群龙出游，极其壮观，赢得全场喝彩。

鲜虾烩豆腐

经典粤菜 汤烩法

来 源

这个菜原创于广州酒家的"长者宴"，最初想做成汤羹，因担心豆腐偏凉性，用益寿生鱼汤（炖汤）替代了。但我觉得鲜虾烩豆腐是一个老少皆宜又简单实惠的羹，特别是在夏、秋季节里，不失为一道家宴小聚佳肴。1999年我参编《粤菜精选集》时将它收入其中。豆腐在中国人的生活里是不可缺少的食材，做法囊括了中国烹饪的蒸煎炒炸炆烩，酸甜苦辣咸鲜。

主料： 盒装山水豆腐100克，鲜虾仁75克

辅料： 蛋清35克，上汤750克

调料： 花生油25克，精盐2克，味精
2克，湿粉20克，胡椒粉0.05
克，麻油0.5克，生粉6克

初加工及精加工

◎将鲜虾仁洗干净，吸干水分用精盐、味精、生粉、蛋清拌
匀，放在冰箱里冷藏30分钟。

◎将豆腐改切成小厚片。

烹制及装盘

◎烧镬落油，将虾仁放入拉油至熟，倒在笊篱里。

◎溅入绍酒，落上汤，把豆腐放入，用精盐、味精调味，撒
上胡椒粉，微滚，用湿粉推芡，加入麻油、虾仁，将蛋清
放入推匀，盛汤窝里便成。

【技艺要领】

此烩汤一定要用上汤才能美味。如果用清水或泉水就毫无滋味。
盒装的豆腐，开盒即使用，一旦开盒放久，豆腐就会发酸，带馊
味。此外，要用中火烹制微滚推芡，然后才能把蛋清徐徐放入，
用镬铲轻轻推动成小片状。

香煎碎金饭

经典粤菜 蒸、煎法

来 源

这是老广州时期的一道菜肴单尾，曾收入我1999年编著的《粤菜精选集一书中》。当年父亲帮我审稿时，提议收入的。他说："这个不错，但现在无人做了。"我想，那我就做一次，与大家分享。确实是甘香可口，不同于粉类和全蛋类的菜品，和现在的广州炒饭、扬州炒饭、上汤会饭、窝蛋饭也迥然不同，香口又饱肚，别有风味，值得一试。

主料：丝苗米饭60克，香米饭50克

辅料：腌制鲜虾仁20克，碎瑶柱5克，叉烧肉20克

料头：冬菇粒5克，葱花10克，鸡蛋150克

调料：花生油50克，精盐1.5克，味精2克，麻油0.5克，生粉20克

初加工及精加工
◎叉烧肉、香菇切成小粒。
◎将鲜虾仁、香菇滚熟，滤干水分。
◎碎瑶柱用清水浸过表面蒸熟。
◎将鸡蛋去壳打匀。

烹制及装盘
◎将叉烧肉、香菇、鲜虾仁、碎瑶柱、葱花、精盐、味精、麻油和米饭拌匀，再将蛋液放入拌匀。
◎烧镬下油搪镬，放入饭团压扁成饼形，煎至两面浅金黄色，上碟便成。

◎蒸米饭的水分不能多，保持"虾仔饭"状。

◎米饭和辅料、料头、调味料要拌匀。

◎中火烧镬搪油，下饭团压扁，煎至两面浅金黄色，蛋熟为
　止。油不可多，不粘镬即可，外金黄色内甘香。

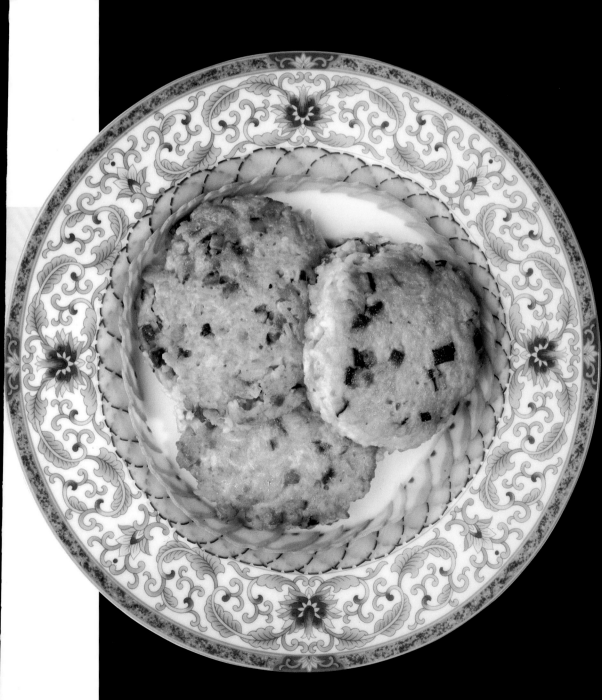

荔蓉凤尾虾

经典粤菜　酥炸法

芋喜高温，生于广东、广西等南方地区。它滑、软、酥、糯，适合制作菜肴、点心，甜咸皆宜，入荤入素，上至大型喜宴下至家居小叙都常用到。广州酒家"满汉全席精选席"有一道鹊舌金巢，那个"巢"就是用荔浦芋头切丝，经处理后盛在小盏里油炸而成。"南越王宴"里顺德鱼生也用它做伴碟。季节小菜和宴席常用的芋肴有：荔芋扣肉、翻沙芋条（甜菜）、椰汁香芋煲、桂花甜芋泥等。

主料： 大河虾400克

辅料： 荔蓉皮360克

调料： 花生油1500克（耗60克），精盐3
克，味精2克，麻油0.5克，胡椒粉
0.05克

初加工及精加工

◎大河虾滚熟后留尾剥去壳，用精盐、味精、麻油、胡椒粉拌匀。

◎用荔蓉皮将虾肉包着，虾尾露出不用包。

烹制及装盘

◎将荔蓉虾排放在笊篱里，不要过于紧密。烧镬下油至七成热，放入
荔蓉虾炸至起蜂巢形，熟后取出盛在碟里便成。

◎荔蓉皮：去皮荔浦芋头500克、澄面150克、猪油40克、白糖10克、
精盐10克、胡椒粉1克、味精3.5克、麻油2克。将芋头切成大块，用
铝板盛着，将澄面放在上面，上蒸笼蒸熟，取出，放在案板上压烂
成蓉，下猪油、精盐、白糖、麻油、味精、胡椒粉拌匀，搓至纯滑
便成荔蓉皮。

【 技艺要领 】

◎这道菜的荔蓉皮是和点心芋角皮一样的做法，未掺肉料，是用猪油汀面
搓好的。为达到最佳使用效果，需放在冰箱里冷冻8个小时。选芋头、流
程操作、油温控制都很讲究。

◎芋头的淀粉质分布不均匀，俗称生水。遇到这种问题的时候，就要控制
水分，将干澄面撒在芋块上再蒸熟，使澄面全熟，可改善口感。压烂熟
芋块时，要压得细细蓉蓉，用机压可搓压至纯滑。然后一定要冷藏至
冻，使油分凝固。包制时不可以回软（回热解冻），要控制好油温，这
样效果才达到最佳。

芝士牛油罗氏虾

创新粤菜 煮炸烹法

来 源

1994年参加"世厨联"挪威青年厨师大赛，我在奥斯陆的香港酒家吃到了牛油芝士龙虾，那种浓郁鲜美的味道令我惊喜，是中西结合的绝妙感觉。不足的是有点肥腻，于是我来了个洋为中用的改造：把它变成甘脆肥浓。我将牛油、三花奶（罐装）和芝士粉溶在镬里慢火煮溶至有结晶体，甘香浓郁的牛油奶味融合到虾里。经高温油炸的罗氏虾，皮酥脆，肉爽嫩。

主料： 大罗氏虾700克（约12只）

辅料： 炸米粉20克，炸菜叶丝10克

料头： 洋葱丝10克

调料： 花生油1500克（耗150克），牛油100克，卡夫芝士粉0.5克，罐装三花淡奶30克，鸡粉5克，白糖2克，精盐4克，绍酒10克

初加工及精加工

◎将牛油、三花淡奶、芝士粉放在镬里用慢火将水分煮干，煮的时候要不断铲动以防止粘镬煮焦。煮至有结晶状时捞出放在碟里，晾凉后压碎成粉，剩余牛油用容器盛载着。

◎罗氏虾剪去虾枪和脚，将头部污物挑去，剪开虾肚，用绍酒、精盐、鸡粉拌匀。

烹制及装盘

◎将炸粉丝和炸菜叶丝放在碟里。

◎烧镬下油至八成热，放入罗氏虾炸熟至金黄色，取出去油，下牛油、洋葱丝、罗氏虾，溅绍酒，加芝士粉、白糖，慢火炒匀，取出，放在粉丝上便成。

◎芝士粉和三花淡奶放在牛油里要用慢火熬煮，不停地用镬铲翻动，至有结晶体时将其捞出，滤出油分，余下的牛油盛起，烹制时作为包尾油。要将大块的结晶压碎为半粒米状。

◎罗氏虾过油时油温要够高，虾量不能多，否则会将油温降低，使虾不够皮脆肉结，炸的时间不宜过长，不能将虾肉炸干。

◎要达到此效果，炸虾油温一定要达八成热（要小心操作以免热油伤人），但炸的时间不能长，不能把虾炸干，只要皮酥脆内爽嫩即可。我到亚寿多培训中心交流时，老社长整只虾连壳带肉嚼到津津有味，大讲好食。

虎爪护蛟龙

经典粤菜　酿蒸、泡炒法

来源

此菜创于20世纪70年代，那时原料比较短缺。
尽管政府都会在春、秋两届广交会期间组织货
源以接待来宾，但食材依旧有限。当年经常有
外宾或华侨，利用广交会这个机会来穗品尝粤
菜，进行研究、交流，以体验"食在广州"。
我就因地制宜，在有限的材料里，充分发挥粤
菜传统技巧，创出这道佳肴。

主料： 蟹钳10只，发好湿鱼肚50克，虾胶100克，腌好虾仁250克

配料： 蟹黄50克，菜远50克

料头： 葱段1克，姜片5克

调料： 花生油1000克（耗100克），精盐5克，味精2克，上汤200克，生粉
30克，绍酒15克，麻油0.5克，二汤200克，胡椒粉0.05克，湿粉10克

初加工及精加工

◎蟹钳滚熟后略拍破壳，完整取出钳肉，退出扇骨。

◎鱼肚改切成小块，用二汤、精盐、绍酒滚煨，取出吸干水分，粘上
薄生粉；将虾胶抹平在上面，把蟹钳放在虾胶表面，压实。

◎上笼用猛火蒸熟，取出摆放在碟里。

烹制及装盘

◎菜远用上汤、精盐炒熟，放在鱼肚之间。

◎烧镬下油搪镬，溅绍酒，加入上汤、精盐、味精、麻油、胡椒粉，
用湿粉推芡，加包尾油推匀，淋在蟹钳上。

◎用上汤、味精、麻油、胡椒粉、湿粉等调成碗芡。

◎烧镬下油至五成热，放入虾仁过油至九成熟，当虾仁七成熟时，把
蟹黄放下。取出去油，下葱段、虾仁用碗芡炒熟，加包尾油，盛在
碟中间便成。

◎ 拆蟹钳要完整，需要将鲜蟹钳放在冰箱里冷藏一晚上，方可滚熟拆壳去骨。蟹黄要小心清洗，长的改刀为4厘米的段，烹前用滚二汤渌（烫）至五成熟。虾仁过油时用"猛镬阴油"法。勾芡是有芡而不见芡，有光泽。

◎ 运用蒸酿，泡炒烹技和比喻夸张的菜名：虎爪护蛟龙。在本地方言中，因螃蟹一动就竖起两只大钳，摆出格斗的样子，如同老虎凶相，民间戏称老虎蟹，老虎的爪是很威武的，而虾在民间也有称之为龙的。菜肴中的蟹黄烹制的火候也是很讲究的，过熟就会粗糙，不熟就会散烂。

虎扣龙藏

经典粤菜　泡炒法

◆ 来 源 ◆

此虎非老虎，而是虎纹蛙，粤称田鸡。蛙肉做菜味道很清且鲜甜。广东、福建和台湾等地爱用这种食材做菜肴。扣，是粤人对鱼鳔、田鸡胃的俗称。虎扣本是下脚料，经过精心炮制，变成不可多得的珍贵食材，入口爽脆。这是粤菜粗料细做的一个典范。此法还可用于大头鳙鱼的鱼鳔。取白色外层，晒干后是鱼白（花肚），内层透明的鳔，用处理田鸡扣的方法炮制，就变成名贵的食材"花扣"。民国时期做清汤花扣的原料，现已绝迹。

主料： 蟹黄100克，对虾肉300克

辅料： 田鸡扣100克

料头： 姜片3克，葱段5克，蛋清5克

调料： 花生油1000克（耗100克），精盐3克，味精2克，生粉10克，绍酒10克，麻油0.5克，胡椒粉0.05克，上汤20克，湿粉10克，二汤300克

初加工及精加工

◎田鸡扣用清水漂清枧味。

◎对虾肉从背脊片开，清除虾肠。将对虾洗干净，吸干水分，用蛋清、精盐、味精、生粉等拌匀，放在冰箱里。

烹制及装盘

◎用上汤、精盐、味精、麻油、胡椒粉、湿粉调成碗芡。

◎用滚二汤将蟹黄浸至三成熟。田鸡扣用二汤滚至九成熟，取出。

◎烧镬下油至六成热，放入虾球过油，至八成熟时，放入蟹黄，随即倒在笊篱里，滤去油分，跟着放入姜片、葱段、虾球、田鸡扣，溅绍酒，下碗芡炒匀至熟，盛在碟里便成。

【技艺要领】

◎田鸡的胃，形状像大腰果。把它剪开，清除里面的杂物，并将内层撕掉，用碱水浸泡过表面半天时间，为第一次用碱。将田鸡扣取出，重新放在新的碱水里浸泡备用，为第二次用碱。如没有遇到生水可放置半年以上，使用时要提前将碱水漂清，至无碱味才能食用。

◎虾球过油，油温不要过低或过高。油温低蟹黄会散开，不成石榴子状，要熟透才会甘香。使用碗芡才会光泽有味。要采用有芡而不见芡、无泻芡的油泡法作为标准。

鲜莲炒鸡粒

时令经典 拉油炒法

莲全身是宝，是有益健康的食材。其叶可做飘香荷叶饭、糯米鸡；其花可做荔荷炖鸭；莲蓬可做去暑的莲蓬冬瓜煲老鸭；鲜莲子可做鲜莲子冬瓜盅、鲜莲火鸭羹；莲藕可做绿豆酿莲藕等。莲子产于不同季节，用途不同。广东人煲汤用的莲子，产于秋季，有人称老莲子，淀粉质多，宜煲汤、做甜品和莲蓉馅料。本菜所用的鲜莲子产于盛夏，皮淡咖啡色，内衣微红，肉白，莲心浅绿微苦。去硬壳、内衣，可作果品生食。此时莲子较嫩，莲心呈微甘苦之味，宜炒宜羹，亦可作馔。其清脆微甜，配以鲜嫩美味的鸡肉粒和夏季时令鲜草菇，用粤烹之炒法是天鲜配。

主料： 鸡肉300克

辅料： 鲜莲子100克，鲜草菇100克，蛋清5克

料头： 姜片3克，葱粒4克

调料： 花生油1000克（耗100克），上汤40克，精盐3克，味精2克，麻油0.5克，胡椒粉0.05克，绍酒10克，生粉10克，食用碱水0.3克，湿粉6克

初加工及精加工

◎鸡肉片成8厘米的厚片，再切成方形小粒。鸡肉粒用蛋清、生粉拌匀。

◎鲜菇切成小粒。

◎鲜莲子剥去外衣后用开水加枧水略滚，退去内衣，用清水浸泡。

◎鲜菇、鲜莲子用清水加精盐滚过，取出，滤干水分。

烹制及装盘

◎用上汤、精盐、味精、麻油、胡椒粉、湿粉等调成碗芡。

◎烧镬下油至五成热，将鸡肉粒放入过油至八成熟，取出，放入姜、葱、鲜菇、鲜莲子、鸡肉粒，溅绍酒，下碗芡炒匀，加包尾油，盛在碟里便成。

◎莲，全身是宝，不要浪费。鲜莲子是夏季时令佳品，鲜甜爽嫩。鲜莲子去厚壳后还有一层衣，可以用微量食用枧水，放入滚水里煮，水现红色时即取出漂洗几次，洗去衣上颜色，否则莲子染上红色后难再脱色，影响莲子的洁白。

◎鸡肉最好是用新鲜的清远麻鸡，要带有鸡皮，才会嫩滑有鸡肉味。过油时油温不宜过高，否则会影响鸡肉的新鲜嫩滑。

纱窗蟹逅（竹荪氽蟹钳）

经典粤菜　氽（川）汤法

来源

这道历史名菜经常出现在满汉全席的菜谱里。这是一道氽（粤常用"川"）汤的菜，适宜夏、秋两季。氽汤是将主料和辅料、料头用二汤飞、滚、煨后放在窝里摆放好，淋落调味后的上汤而成，氽汤是不用芡粉的。"纱窗蟹逅"这道菜经常出现在南方的满汉全席的菜谱里。

主料： 熟蟹钳肉10只

辅料： 发好竹荪200克，丝瓜50克，笋花25克，上汤1750克，二汤300克

料头： 鲜草菇25克，火腿片2件

调料： 猪油10克，精盐2克，味精1克，绍酒10克，胡椒粉0.04克

初加工及精加工

◎蟹钳肉盛在碗里，放入上汤浸着上笼回热。

◎竹荪切"日"字形后用滚水滚透，再烧镬下油，落二汤、盐，将竹荪放入滚煨。取出，滤干水分摆放在砂锅里。

烹制及装盘

◎丝瓜去瓤后改切成凌形花片，和笋花一齐用二汤、精盐滚熟，取出，滤干水分排放在竹荪旁边。

◎将蟹钳排放在竹荪面上，火腿片放在中央，烧镬落油，溅绍酒，落上汤、精盐、味精调味后，落胡椒粉，至微滚后淋在砂锅里便成。

【技艺要领】

◎拆熟蟹钳肉关键：蟹钳带壳时放冰箱冻两个小时。滚熟、取出，马上放冰粒水里浸泡至凉，再拍壳取出钳肉，蟹钳肉取出后不能用开水煮熟，只能上蒸笼回热。

◎竹荪是山珍，比较容易生虫，所以干竹荪都有一种烟熏的气味，且呈黄色。竹荪浸发后要滤干水分，用生粉反复两次拌匀轻搓，然后过清水使其变白，如果气味还是很大，可以用鲜橙皮浸泡1个小时去气味。

鸿图伊府面

经典粤菜　汤烩法

来源

伊府面是著名的面条，最常用于喜庆寿筵酒席的单尾里，作为主食之一。鸿图伊府面喻义是大展宏图。这个面有"三好"：好食，好睇（买相），好意头。伊府面煮熟过冷，用猪油中火浸炸（在容器里）成饼，用清水滚软再煨透至软滑，可煎，可烩。

主料：蟹肉50克，蟹黄50克

辅料：伊府面500克，鸡蛋1个

调料：猪油10克，精盐1.5克，味精2克，上汤200克，二汤700克，
湿粉10克，麻油0.5克，胡椒粉0.06克

初加工及精加工

◎用二汤将伊府面滚透，取出，滤干水分，放在窝里，上汤烧
滚后落精盐、味精调味，倒入窝里浸着伊府面。

烹制及装盘

◎烧镬落油搪镬，溅绍酒，落上汤、蟹肉、精盐、味精、麻
油、胡椒粉，用湿粉推芡后落蟹黄、鸡蛋推匀至熟，落包尾
油推匀，铺放在伊府面上便成。

【 **技艺要领** 】

◎一定要将伊府面放在汤罉里微滚至脸，不能一滚就取出，如
果因为时间不够，滚不透，就会导致面心硬而不软滑。

◎伊府面一定要用汤煨透使其入味汤底足味。

◎蟹肉绝对要除干净壳骨，放下蟹黄推匀时不能大火，否则粗
不滑。

珊瑚扒竹荪

经典粤菜　清汤法

来源

珊瑚是指蟹黄与蟹肉。中国食蟹历史悠久，蟹肉鲜美无比，在粤菜中是高级食材，用蟹做的菜式包括：蟹底清汤翅、蟹底官燕、红梅（蟹黄）大鲍翅、珊瑚扒官燕、翡翠珊瑚、蟹肉灌汤饺等。连壳一起烹可保持原汁原味，这样的蟹馔有冻红蟹、香汁（姜葱）炒蟹、油焗膏蟹、清蒸肉蟹等。本品是蟹黄、蟹肉和素有菌菇皇后、山珍之王之称的竹荪（粤称竹笙）配搭成一个清高味美、色彩斑斓的时令佳肴。

主料： 蟹肉100克，蟹黄150克，改净湿竹荪200克

辅料： 菜远200克，笋花50克

调料： 花生油100克，精盐5克，味精2克，湿粉10克，上汤200克，胡椒粉0.05克，麻油0.5克，绍酒5克，姜汁酒10克，二汤200克

初加工及精加工

◎蟹黄用开滚二汤至五成熟，取出滤干水分。

◎菜远用上汤、精盐、味精炒熟后排放在碟里，将竹荪用二汤、姜汁酒、精盐滚煨后，滤干水分，笋花滚煨后用上汤、精盐、味精、麻油等调味，勾芡放在菜面上。

烹制及装盘

◎烧镬下油至三成热，放下蟹黄过油至八成熟，取出去油，溅绍酒，放入上汤、精盐、味精、胡椒粉、麻油、蟹肉、蟹黄，用湿粉勾芡，加包尾油，放在竹荪面上便成。

◎本品运用粤菜烹饪的扒法，但又和原烹法有别，因这道菜的芡不宜大，只要油润有光泽，不会泻芡就达到标准了。蟹黄（较长的）也要改切成每段10厘米，使其烹后成为一只只珊瑚状。

◎烹制竹荪时一定要注意咸味的使用，竹荪是非常能吸收咸味的。蟹黄过油一定要够时间，使蟹黄能成形（石榴子状），且具甘香味。这个菜肴是肉料扒法，芡汁不宜多、不宜大。

云龙松江卷

经典粤菜 卷炸扒法

来　源

这是20世纪80年代的创新菜，当年交易会的食材是特供的。特供类水产品里面，数量最大且质量最好的就是鲈鱼。清蒸鲈鱼，鱼肉嫩滑；香滑鲈鱼球，甘香酥嫩；窝贴鲈鱼块，鲜嫩甘香；茄汁鲈鱼块，清鲜嫩滑。为展示粤菜创新风貌，满足宾客的需求，广州酒家创制了这道工序繁多、独具一格且集鱼、虾、蟹和龙（芦笋又称龙须菜）于一卷的美味佳肴。最早设计此菜时最外层是用猪网油的，后来放弃了。外层的网油经油炸后，就像一片云，味道酥香。

主料：鲈鱼肉250克，虾胶120克

辅料：鲜芦笋150克，蟹黄100克，蟹肉100克，鸡蛋清

调料：花生油，精盐，味精，上汤，生粉，麻油，胡椒粉，绍酒，湿粉

初加工及精加工

◎鲜芦笋刨去老皮后切成7厘米的长条，用上汤、精盐滚熟，晾凉。

◎鲈鱼肉改成长宽6厘米、厚度4毫米的片，用精盐、味精、麻油、胡椒粉、鸡蛋清、生粉拌匀，铺平在碟里，放入虾胶铺平，再把芦笋条放入卷成条形放在里，用生粉碌匀，烧镬下油至五成热，放下鱼卷浸炸至熟，取出，排放在碟里。

烹制及装盘

◎蟹黄用滚二汤浸至四成熟，取出，烧镬下油至五成热，放入蟹黄过油至八成熟，取出去油，溅绍酒，加入上汤、精盐、味精、麻油、胡椒粉、蟹肉，用湿粉勾芡，下蛋清推匀，再加蟹黄，加包尾油后淋在鱼卷上便成。

【技艺要领】

◎优质的大海鲈，产于东莞太平、虎门一带咸淡水交界处。要切片用的，每尾重量要在3千克以上。

◎切片时要注意刀工：大小、厚薄要均匀。芦笋条要飞水至准熟，包卷要实，以防油炸时散口。为保持鲈鱼卷的甘香嫩滑，勾芡蟹黄、蟹肉时，芡汁不宜多和大。

碧波荡松江

经典粤菜　锅贴法

来源

鲈鱼自古入馔。到了清代，鲈鱼肴馔在沿海一带已日趋常见，并成为筵席名菜之一。广州常用的是珠江口的白花鲈鱼，做成锅贴鲈鱼块等。锅贴鲈鱼是先把猪肥膘肉用汾酒、白糖腌制，使它经油炸变得甘香酥脆。鲈鱼肉则用蛋浆粉包裹着，保持鲜嫩。本菜肴增加了一个绿色芡汁，这是由菠菜汁勾的绿色菠香芡，别有一番风味。

主料：大鲈鱼脊肉400克

辅料：猪肥肉头225克，蛋黄75克，菠菜叶25克

料头：榄仁20克，火腿蓉0.8克

调料：花生油1000克（耗150克），精盐4克，味精3克，白糖2克，山西汾
　　　酒6克，生粉50克，上汤150克，麻油0.5克，胡椒粉0.05克，湿粉10
　　　克，绍酒5克

初加工及精加工

◎将肥肉片切成长5厘米、宽2.5厘米、厚3毫米的片，用汾酒、白糖
　拌匀，腌30分钟。

◎鲈鱼肉改切成与肥肉长宽一样、厚度6毫米的件，用精盐、味精、
　麻油拌匀。

◎蛋黄加进生粉调成浓糊状，分别把肥肉、鲈鱼拌匀。

◎将炸榄仁剁成米粒状，在碟里撒上干生粉后，将肥肉铺平在上
　面，中间放榄仁，再把鲈鱼肉铺在上面。火腿蓉粘在面上，撒上
　干生粉，用手略压实。

烹制及装盘

◎烧镬下油搪镬，把鱼块排放在镬里，肥肉在底。用中火煎至金黄
　色后，反转煎鲈鱼，煎至金色后，下油炸浸至熟，取出，排放在
　碟里。

◎烧镬下油搪镬，溅绍酒，加上汤、盐、味精，用湿粉勾芡，放下
　菠菜汁，推匀成绿色的芡，淋在鱼块旁边便成。食用时蘸匀。

【 技艺要领 】

◎窝贴的蛋浆粉比例是1∶1，作用是使经过腌制的鱼肉和肥膘肉块能
　粘贴在一起，经先煎（定型）后加油炸至熟，颜色金黄色，外脆化酥
　香、内肉质嫩滑。窝贴品种一般都是先上菜肴，接着跟配佐料。此肴
　用菠菜汁勾芡又是一个改革。菠菜汁颜色绿艳，味清香，但在上碟的
　技艺上，要有先后顺序才能达到理想效果。

◎芡汁不要直接淋在锅贴上，而是先将勾好的菠菜汁芡淋在碟里，再把
　刚炸好的锅贴排放在芡汁上，使它保持香脆。

姜葱爆水鱼

经典粤菜　拉油爆炒法

瓦罉焗水鱼是一道古老的名菜。瓦罉即粤语对陶土制的砂锅的俗称。砂锅传热慢，保温性强，不起化学作用，能保持食物原汁原味。据考古专家麦英豪介绍，广州出土文物中，有只东汉末年的陶灶，灶后面有个陶锅，锅内正煮着一只水鱼。之所以置它于灶后，是因为灶后可以取小火慢煮。近年来，市面上的水鱼多是饲养的，比较肥嫩，不受火、易过火，时兴即点即烹，研制出许多可用的烹饪法，如荷叶蒸、堂煮水鱼鸡锅和姜葱爆水鱼是其中的佼佼者，运用拉油爆炒烹制出肉嫩香浓，原汁原味佳肴。

主料： 嫩水鱼（人工养殖）750克

辅料： 整粒蒜子50克

料头： 湿陈皮丝0.8克，姜片5克，葱段10克

调料： 花生油1500克（耗100克），姜汁酒20克，精盐1.5克，
鸡粉5克，蚝油10克，老抽3克，白糖2克，上汤250克，
生粉25克，绍酒10克，麻油0.5克，胡椒粉0.08克，二汤
300克，湿粉15克

初加工及精加工

◎将水鱼宰干净用热水浸渌后洗去外衣，去清肥油后斩
成件。用飞水至熟，取出，用清水冲洗去血污。用二
汤、姜汁酒将水鱼略滚，取出，滤干水分，用老抽、
生粉拌匀。

烹制及装盘

◎烧镬下油至七成热，放下蒜子炸至金黄色，将水鱼放
下过油，随即取出，去油，将姜、葱、陈皮丝爆香，
放入水鱼，溅绍酒，加上汤、精盐、鸡粉、蚝油、白
糖、麻油、胡椒粉调味，收汁，用湿粉勾芡，加包尾
油，盛在碟里便成。

【技艺要领】

◎水鱼必须去清肥油，外衣洗净血污，飞水，再用冷水洗净，
姜汁酒滚煨，滤干水分，涂上老抽，撒上微量干生粉拌匀，
过油后才会有酱香。

◎采用爆炒法镬上收汁，薄芡，有芡不见芡，芡不能厚、不能
稠，只有光泽之润即可。

五柳鲈鱼

经典粤菜 浸、扒法

◖ 来 源 ◗

五柳鲈鱼是从杭州西湖醋鱼发展而来的。传到清代，袁枚《随园食单》称之为醋搂鱼。"用活青鱼切大块，油灼之，加酱、醋、酒喷之。汤多为妙，俟熟即速起锅。此物杭州西湖上五柳居最有名。"粤菜的五柳鱼是原条浸熟，勾上五柳菜酸甜芡，风味大不同。此菜的酸甜味道深受女士和儿童喜爱，是广州周边地区的家宴菜。

主料： 加州鲈鱼750克

辅料： 五柳料100克

料头： 青红辣椒丝10克，葱丝5克，蒜蓉2克，姜丝2克

调料： 糖醋300克，花生油100克，湿粉15克，精盐4克，胡椒粉0.05克

初加工及精加工

◎五柳料切成丝。

◎将鲈鱼拍晕后放血，去鳞，在肛门上一点下刀，切断内肠，从鳃处取出鳃和肠脏，将鱼洗干净，抹干水分，用精盐4克抹匀。

烹制及装盘

◎用镬将水烧开后，再将开水端离火位，放下鲈鱼，加盖，浸至鱼准熟。如水冷了鱼还未熟，再换开水浸至准熟。将鲈鱼取出盛在碟里，撒上胡椒粉、葱丝。

◎烧镬下油至六成热，将油淋在鱼身上，去油，放入蒜蓉、姜丝、青红椒丝爆香，下糖醋、五柳料微滚，用湿粉推芡，加包尾油淋在鱼面上便成。

◎传统用鲩鱼。由于这些年饲料充足，鲩鱼体型超大，不利于
浸熟。改为使用加州鲈鱼。加州鲈鱼也是饲料喂大，但体型
适中，肉嫩滑无肌间刺，家庭也经常享用。注意宰杀时，要
去清肥油和污血。

◎因加州鲈鱼皮薄肉嫩，浸的时间要掌握好，谨防过熟。出于
谨慎，改用蒸法也可以。

◎勾糖醋五柳料芡不宜少和稀。

郊外大鱼头

经典粤菜　炸扣扒法

中国以鳙入馔由来已久。关于鳙鱼的记载始见于《山海经》《史记》等古籍。明代李时珍的《本草纲目》里也有"鳙之美者在于头"一说。鳙鱼头富含胶质，肉质肥润，广府俗称"大鱼头"。常见菜式有：豉汁蒸大鱼头、姜葱焗大鱼头、猪脑拆烩鱼云羹、红烧大鱼头、煎焗大鱼头等。有一年，国家民委领导带来一位客人，事前给我打招呼，说客人最爱吃鱼头。我准备了一道红烧大鱼头，他连吃4大碗。最后，他即席挥毫赠我一幅墨宝，上书"五味俱和百肴香"，原来他是一位书法大家。

主料： 大鱼（鳙鱼）头1个（750克）

辅料： 火腩75克，郊菜300克，豆腐125克

料头： 炸蒜肉30克，湿冬菇25克，陈皮丝5克，姜丝0.5克

调料： 花生油1500克（耗200克），精盐5克，味精4克，蚝油10克，麻油1克，胡椒粉0.5克，老抽15克，绍酒15克，生粉20克，二汤150克，湿粉10克

初加工及精加工

◎将鱼头去鳃后斩成两半，洗净，用盐（1克）擦匀粘上干生粉。

◎将油烧至七成热，放下鱼头，改用小火浸炸，边炸边不时翻动鱼头以防粘底炸焦，浸炸约10分钟至浮起、酥脆改中火取出去油，滤清油分，放在大碗里。

◎烧镬下油至七成热，下豆腐炸至金黄色取出去油，跟着放入火腩、姜丝、炸蒜肉，加入湿冬菇、陈皮丝，溅绍酒，下二汤，用蚝油、精盐、味精、麻油、胡椒粉调味，将其倒入炸好的鱼头里，加上炸豆腐上笼蒸扣30分钟。

烹制及装盘

◎将扣好鱼头滗出原汁，盛在瓦罉里撒上胡椒粉。

◎郊菜用二汤、精盐和花生油灼熟，取出伴在鱼头边上。原汁加二汤后调味加老抽调色，用湿粉勾薄芡加麻油推匀，淋在鱼头上便成。

【技艺要领】

◎火腩是烤猪肉之腩肉。郊菜的规格是12厘米，比菜远长。

◎炸蒜肉和陈皮丝是不可缺少的增香料头。

◎炸大鱼头要有耐心，小火慢油浸炸整个鱼头熟透，但又不焦，即无焦色和焦味。菜肴焖脸后肉和骨可以一齐食用。

菊花鲈鱼窝

经典粤菜　汤灼法

来源

鲈鱼，鳞片小，有斑点，故称白花鲈。生长于沿海及出海口和大江河中，是名贵海鲜之一。肉质洁白通透，无小刺，味鲜补益。珠江口虎门水域咸淡水交汇，盛产白花鲈鱼。广府人将鲈鱼入馔做得花样百出。菊花鲈鱼窝是粤式堂灼菜的一种。在秋季菊花盛放时，正好展现粤菜使用花卉入馔的特色。本菜使用的是蟹爪大白菊花，上汤与洁白透明的大鲈鱼肉块，在堂上即烹至准熟，连汤和鱼块、蟹爪菊等一齐享用，鲜嫩滑香味美。

主料： 鲈鱼肉500克

辅料： 菜远50克，菊花1朵，笋花25克，薄脆

料头： 姜片5克，葱2条，草菇件10克，红辣椒件5克，芫荽叶10克

调料： 猪油20克，上汤1500克，精盐5克，味精2克，胡椒粉0.05克，麻油0.5克，二汤700克

初加工及精加工

◎将鲈鱼肉去皮，去清骨丝和瘦肉，切直纹，成长5厘米、宽3厘米、厚2厘米的片。

◎将鱼片砌成鱼鳞形，用两碟分盛，再用姜片、红椒、葱条铺在鱼片上。

烹制及装盘

◎用二汤滚熟菜远、笋花、湿菇等，取出，放在火锅里。

◎用一碟盛薄脆，另一碟盛剪菊花，用芫荽伴在鲈鱼片边上。

◎在堂席上，火锅里，放下上汤、精盐、味精、胡椒粉、麻油，烧至微滚后将鱼片放滚汤上焯熟而食。

【 技艺要领 】

◎蟹爪菊花使用前要用淡盐水浸泡，清除异物，再过清水，将花瓣拔出剪去两头，只食用中段花瓣。

◎鲈鱼肉改刀，鱼肉厚薄要均匀，鲈鱼肉中间（瘦肉处）有小刺，需注意清除。这是个汤菜，可肉、汤和配料一齐装碗。

香鳝象拔蚌

经典粤菜　酱腌炸　油泡炒法

大鳝是广府人对鳗鲡的统称，又称风鳝、白鳝、鳗鱼。现在市面上的鳗鱼全部为人工养殖。20世纪80年代，广东沿海、珠江三角洲农民开始批量养殖鳗鱼，以此作为出口创汇、脱贫致富的途径。顺德人更是一马当先，把养殖场地拓展到台山沿海。如今，顺德的活鳗与烤鳗已经销往全球70多个国家。鳗鱼营养丰富，有"水中人参"美誉。用南乳酱、蒜蓉腌至入味，拌湿粉，炸至皮脆肉嫩香，蒜、乳酱之香足以掩盖其涩味，这是现代烹鳝的最佳方法之一。

主料： 大鳝（人工养殖）1条（750克），净象拔蚌400克

辅料： 芥菜胆300克

料头： 姜片3克，葱段2克，蒜蓉2克

调料： 花生油1千克（耗250克），精盐5克，味精3克，白糖6克，南乳酱15克，绍酒10克，麻油0.5克，胡椒粉0.06克，芡汤20克，湿粉20克，干生粉100克，二汤300克

初加工及精加工

◎将活鳝鱼在头部斩一刀（不能断），放血后用盐（或白醋）刷洗去表皮黏液，再用清水洗净；从背脊下刀将鳝鱼骨取出，在肉面上划十字花纹后切成长方块，用蒜蓉、南乳酱和白糖腌20分钟。

◎象拔蚌整条洗干净后横切成3厘米的厚片。

◎芥菜胆用碱水、沸水滚熟。

烹制及装盘

◎烧镬落油，下二汤、精盐、味精将芥菜胆煨至入味取出；再烧镬落油，芥菜胆用芡汤、湿粉勾芡，取出滤干，排放在碟里。

◎将鳝块用干生粉拌匀，烧镬下油至七成热，放入鳝块，炸至干身、金黄色，取出去油，放在碟里。

◎将芡汤、湿粉、麻油、胡椒粉兑成碗芡，将象拔蚌片用二汤飞水至三成熟。烧镬下油至五成热，放入象拔蚌过油至九成熟，取出去油。落姜片、葱段、象拔蚌片，溅绍酒，落碗芡炒匀至熟，盛在碟中央便成。

【 **技艺要领** 】

象拔蚌是产自北美的一种深水蚌类。20世纪80年代传入广府，食用时以刺身、堂灼为主，肉质鲜甜脆口，色泽通透。运用粤菜中的泡炒法也不失为一种经典做法。烹制时注意刀工要均匀、火候要适中，切忌厚薄不均匀和烹制时间过长、过火，否则会变韧变老。特别注意：宰杀时要去清皮衣、壳和幼沙。

鳖肚炖水鱼

经典粤菜　分炖法

来　源

炖，是烹调技法之一。有原炖和分炖之分。分炖是将多种原料分别炖至八成脸，使物料的营养较好地释出，然后汇集物料的原汤精华。因为所使用的原料有老有嫩，有大有小，有鲜有干，干货的涨发时间有长有短，要充分考虑食材的个性。为达到统一的脸度，所以要分炖。集齐后也有分先、后放下之别。本菜的水鱼，选料应该用比较老的才出效果。

主料： 发湿鳖肚300克，水鱼（人工养殖）1300克

辅料： 火腿粒25克，瘦肉粒100克，上汤750克，开水750克

料头： 姜件，葱条

调料： 花生油20克，姜汁酒10克，绍酒10克，精盐4克，味精1克，
胡椒粉0.7克，二汤300克

初加工及精加工

◎ 将水鱼宰干净去内脏，洗去血污，用沸水烫至能退衣，取
出，退去外衣，去清黄油，斩成件；用开水将水鱼滚至准
熟。取出，用清水略冲洗。

◎ 烧镬下油搪镬，放入姜片、葱条、水鱼，溅姜汁酒，炒匀，
取出，去掉姜、葱。

烹制及装盘

◎ 瘦肉粒滚熟和火腿粒放在炖盅里，水鱼放在面上，放姜件、
葱条各一在水鱼面上。下绍酒、精盐、开水加盖上笼炖脸；
将湿鳖肚切长方块，用姜汁酒、二汤、盐滚煨好；将水鱼原
汤滗出过滤，去掉葱、姜和瘦肉粒，放进鳖肚，将原汤加入
上汤、盐、味精、胡椒粉等调好味，倒入盅内，加盖炖20分
钟便成。

【 技艺要领 】

◎ 鳖肚也叫广肚，是干货，经过涨发已经有八成脸了，所以要最后
才放入，否则会全部溶解在汤里。水发鳖肚的方法：将鳖鱼肚放
在冷水里浸泡半小时，取出擦干净表面，再用冷水浸泡10小时，
转换沸水，水量是鳖肚的10倍，加盖焗3小时，至水冷取出漂
冷，以筷子能穿过为八成，如果未达到，可再焗一次。取出过冷
后用清水浸泡在冰箱里备用。

◎ 在春、夏季里炖水鱼要加入蒜子2粒。蒜子用牙签串着同炖，过
滤原汤时丢弃蒜子。有了蒜子，汤可增香。另外，水鱼不宜与苋
菜一起吃，会导致胃胀气。

清汤鱼肚

经典粤菜　清汤法

鳝肚，海鱼门鳝之膘。与一般鱼肚的涨发不同的是用油炸后冷水浸发。粤菜里清汤菜和余（川）汤菜式同是淋汤上的，但是料头却有区别。清汤鱼肚、清汤广肚等是配上短度菜远、火腿片。清汤菜式有些是跟银针、火腿丝上的，如清汤大生翅、清汤蟹底翅，而清汤燕盏就只配火腿丝。

主料： 发好鱼肚150克

辅料： 菜远1条，火腿1片，上汤1500克

料头： 姜件2片，葱2条

调料： 猪油10克，精盐5克，姜汁酒10克，二汤750克，胡椒粉0.05克

初加工及精加工

◎先将鱼肚改成"日"字形，滚过取出，倒在疏壳里，滤干水分。

◎起镬下油、姜、葱、姜汁酒、二汤、精盐，放下鱼肚煨透，取出，滤干水分放在窝里。

烹制及装盘

◎菜远滚熟，取出滤干水分放在窝里。

◎上汤用、味精调味，撒上少许胡椒粉，待微滚后，倒入窝里，火腿片、菜远放在面上便成。

注：熬制上汤的介绍，已在"上汤金菇肥牛"里。

【技艺要领】

◎由于鳝肚又长又厚，整条密封不透气，所以油炸时首先要将整条鳝肚浸泡至软，用剪刀剪开，清除内膜洗净血污杂物，晾干（晒干为最好）。

◎采用小型铁镬放油至一半位置，中火烧至160℃左右放下干鳝肚，即加盖上铁网（带有铁饼或重物），以便鳝肚浸于油里又不粘底。停火，浸炸10分钟，等气泡从大到细，变成俗称虾眼泡时便要取出。由于油多浸炸时间长，油温不能过高，否则，会过火。晾凉后用清水浸泡至软，用枧水擦匀，过清水再用白醋洗漂，去清油腻和枧味使鳝肚洁白，除去黄斑、筋和皮衣后，用刀切成6厘米×4厘米长方块备用。成品爽软而滑。

◎清汤法是通过滚、煨、淋工序而成的。第一，滚是要其够软，并去其杂味；第二，是用煨使之入味；第三，淋可以使汤清、形靓。

◎此汤主要是以上汤的鲜味和香味为主，泉水是绝对无此效果的。

红烧官燕

经典粤菜 浓汤淋烩法

官燕，是燕窝的最上等品，以前供皇家及官府食用。清代最高级的满汉全席，用的就是官燕。第一席也称作满汉的烧烤席，它上菜的顺序是燕菜、鱼翅、海参……燕菜（燕窝）名列鱼翅之上。由于燕窝无味，要借外味，过去宫廷多以甜菜出现。红烧官燕不是甜菜，它对汤的要求很高，标准汤底要清色、通透，肉味要浓鲜，汤色微红。要用顶上汤，顶上汤是汤中王者，是肉之精华。近年来，有人标新立异，认为泉水比汤好味。这是非常错误的。祖师爷讲过："戏子的曲，厨子的汤。"表明它是多么关键。

主料：（10位量）干燕盏150克，净瘦猪肉470克，老光鸡200克，净瘦火腿50克，干贝25克

辅料： 开水1.5千克，火腿汁5克，火腿蓉0.5克

调料： 猪油20克，精盐2克，味精2克，湿粉15克，麻油0.5克，胡椒粉0.05克，姜片1片，绍酒4克

初加工及精加工

◎将瘦猪肉、老光鸡斩成块后飞水至熟，取出，用清水洗净血污，放在炖盘里，将瘦火腿，干贝和姜片1片和开水放下，加盖封好，上笼炖3小时。取出，用洁净毛巾过滤出头度汤，再加开水过汤料表面，再炖1小时，取出过滤为二汤（用作煨燕窝用）。

◎干燕窝用清水浸泡4小时，捞起滤干水分，将燕窝头撕开，盛装在炖盅里，落开水加盖，焗30分钟取出，换清水过两次，取出，放在洁白碟子里拣除燕毛和杂物，滤干水分。

烹制及装盘

◎将湿燕窝用小笊篱盛着，用精盐、味精调味的滚二汤淋透入味，滤干水分后盛在汤碟里。

◎烧镬落油，溅绍酒、落头度汤、火腿汁、麻油、胡椒粉，用湿粉推芡，淋在燕窝面上，撒上火腿蓉便成。

【技艺要领】

◎粤菜烹饪有教：顶上汤，用于燕、翅、鲍、肚；上汤，用于汤羹和红鸭汤搭配、高档菜肴烹调。为了达到这个标准，本菜在烹制汤时，汤料必须飞水（汆水）至熟，用清水洗净血污。加干贝是为了使汤更加鲜浓，但干贝明火滚会使汤色发白欠清透，采用蒸炖取汤比较适合（上笼炖制要盖好）。

◎如果用于汤羹佳肴，就和鱼翅菜肴一样需用顶上汤来烹制。但顶上汤现今已经很少用了。成本高，用量少，难操作。按教科书讲1∶1（汤料∶出汤）出来的是肉汁，太浓，很难明火烹制。如果用1∶2的汤，上菜时用火腿汁调味调色，就够味了。取了头度汤的汤料（俗称汤渣），再加开水浸过面上，再炖1小时取出滤清为二汤，用作淋煨燕窝用。

蚝汁鲍脯

经典粤菜 扣、扒、淋法

本菜是华筵盛宴的一道高级主菜。鲍鱼，古称鳆，又称九孔螺，是爬附在低潮线以下岩石上的一种单壳类软体动物，干、鲜品皆可入馔，肉质嫩滑，并有益精明目、滋阴补肾、温补肝肾的食疗作用。其壳为石灰质右旋螺形，呈耳状。本菜选用吉品干鲍，茨色浅红，肉糯软香，味道鲜香。我曾有幸品尝了一次极品鲍鱼，陈年的四头网鲍。看它表面完整无缺，外表是像纸一样薄、铁灰白的表皮，内浅红京柿色，中间有粘刀粘牙感觉，嘴嚼后齿留香。

主料： 发好鲍鱼12只

调料： 猪油50克，绍酒15克，蚝油10克，上汤200克，原鲍汁100克，味精3克，老抽3克，麻油0.5克，胡椒粉0.05克，湿粉10克，冰糖10克

初加工及精加工

◎ 干鲍涨发：将干鲍鱼用清水浸1小时，取出，洗刷干净，再用清水浸泡，水多于鲍鱼2倍。放置在冰柜里24小时，控温在10℃左右，不能结冰，使其吸收水分至身回软；取出再洗刷干净；将滚熟洗干净的老鸡、排骨和炸鹅掌、鲍鱼一齐放在镎里，加入清水、冰糖和绍酒，滚起后改用微火煲20小时至腍，原汁留用。

◎ 烧镎下熟猪油，溅绍酒，放入上汤、鲍鱼原汁、鲍鱼、蚝油、味精、胡椒粉、老抽，烧至微滚，用湿粉勾茨，加麻油、熟猪油，炒匀便成。

◎做鲍鱼除了烹饪得法之外，识货也是重要的一环。挑到品质不好的，就算是大师也束手无策。干鲍有网鲍、禾麻鲍、吉品鲍、南非鲍、澳洲鲍等几十种，以日本青森县出品为最佳。除品质优良之外，制法也很重要。青森县冬天寒冷下雪，比较有利于鲍鱼的风干晾晒，晾晒之前的制作有独门绝技，绝不外传。南非鲍，因整年气温高，不利于晾晒，故采用热气晾干。其质地坚硬，不易吸水煲脸，且带有腥味，优点是肥美，缺点是香味欠缺。干鲍只要保管得法，越陈越靓，有新旧之分。

◎鲍鱼上席前，在餐厅里，烧镬落鸡油加火腿汁、原鲍汁和老抽。一方面是增加席间气氛和食物香气。另一方面是因为煲鲍鱼时忌有咸味，所以留在最后，在席间上火腿汁、蚝油、老抽和原汤上味，补其不足。

一品天香

经典粤菜　扣焖烩法

◀ 来 源 ▶

本菜在1983年广州市名菜美点评比展览会上，荣获"创新名菜"
奖而饮誉羊城。东京银座大酒楼的首席长官太田芳雄和厨师长曾
为之惊叹，称为"奇味"。这个菜是根据粤菜的"五味调和百味
香"的理念，结合广府饮食习惯，创新研制出来的。选用本地鸡
翅、鹅掌、水鱼，和海参、湿蹄筋、鳖肚、花菇、竹笋尖等，集
飞、潜、动、植的上乘原料，以陈皮红鸭汤底，加上汤和红烧水
鱼的原汁、花雕绍酒和垫底的芫荽，组成一道芳香扑鼻、美味浓
郁、香爽滑兼而有之、肥而不腻的佳肴。

主料： 鹅掌12只，鸡翅12件，湿花菇12件，笋尖12件，湿蹄筋12件，湿海参12件，发好鳖肚12件（约300克），宰杀干净水鱼（人工养殖）500克

辅料： 原红鸭汤300克，上汤200克，二汤1000克

料头： 姜件10片，葱10条，炸蒜子20克，湿陈皮蓉0.6克，芫荽2克

调料： 花生油1500克（耗100克），老抽5克，精盐5克，味精3克，绍酒30克，芝麻酱10克，胡椒粉0.08克

初加工及精加工

◎ 将鹅掌、鸡翅涂上老抽，放进高温油里炸至大红色；用二汤，加入陈皮、芝麻酱、胡椒粉、绍酒、味精，爆至腍，取出去大骨。

◎ 水鱼斩件，用老抽涂上，略炸捞起，去油；落炸好蒜子、姜、陈皮末、水鱼、绍酒，加入二汤、味精，焖至八成腍。

◎ 海参、湿蹄筋、鳖肚用二汤加入姜、葱滚煨透，捞起。

◎ 花菇用二汤调味上笼，蒸炖1小时，笋尖过油。

烹制及装盘

◎ 将所有材料（芫荽垫底）放器皿中排列好，将鹅掌汁、水鱼汁加入上汤、红鸭汤、绍酒调好味，封上砂纸，入蒸笼炖约90分钟便成。

【技艺要领】

◎ 运用粤菜的"五味调和百味香"的理念，结合了飞、潜、动、植食材的本质特征，烹制得法，互相依靠，融合为美味。如水鱼烹制必须要除清血污、肥油和外衣，经飞水洗净、姜葱滚煨、涂老抽撒微量生粉、高温过油，配已炸蒜子和陈皮炆扣之，香浓软滑，其汁和在红鸭汤和绍酒里简直是天香一品。

◎ 使用多种食材，各种原料都有不同的火候，要分别烹制处理达到各自八成火候时才会合。要融合四汁（红烧水鱼的原汁、扣鹅掌的原汁、红鸭汤和上汤）的鲜、香、浓和胶原蛋白，共冶一炉。

椰子炖雪蛤

椰子是热带植物，产于海南。椰子成熟后，肉和汁均可食用。椰子肉可作主料，椰子壳（去外衣）可作容器盛具，使其形和香味融为一体。雪蛤，是我国东北的珍品，也叫蛤士蟆油，是雌性中国林蛙的卵巢与输卵管外所附的脂肪。多为干品，呈不规则块状。此肴汇合南北之珍品，有养颜润肺之功。

原炖法

主料： 椰子1个，雪蛤膏25克

辅料： 红枣20克

料头： 姜2片

调料： 清水500克，冰糖100克

初加工及精加工

◎雪蛤膏用冻水浸泡3小时后，转用滚水焗10分钟，取出，过冻，拣去杂物，用滚水、姜滚煨，取出，滤干水分。红枣去核。

◎椰子剥去外衣，在顶部锯出小块成盅形。椰子水留用。

烹制及装盘

◎将椰盅用滚水滚熟、滤去水分，将雪蛤羔、红枣放在里面。

◎用清水将冰糖煮溶后加入椰子水100克，将糖水倒入椰子盅里，将锯去的小块盖上，上笼炖30分钟便成。

【技艺要领】

◎干雪蛤膏用前须先用清水浸3小时以上，使其充分吸收水分膨胀。滤干水分用滚水焗10分钟，过凉后放在洁白的碟里，拣去杂物和黑衣。一定要用姜片煨透去其腥味。

◎冰糖一定要煮成糖水才能和椰子原水，红枣和雪蛤油一齐放在椰子里上笼炖。不能时间过长，糖的分量不能过多，现代人不喜欢太甜。

金沙秘制蟹

经典粤菜 炸、烹、炒法

■ 来 源

20世纪80年代到香港考察，在香港仔避风塘一间酒家里，品尝到该店的看家拿手菜"避风塘炒蟹"，印象深刻。这道菜干香甘辣味鲜，堪称下酒佳肴。回来后深度研究风靡20世纪80年代的"避风塘菜"。20世纪90年代初，国家商标局的办事人员通过中国烹饪协会找到我的电话，便打电话给我，征询避风塘菜肴的由来。因为当时某大城市有人要抢注"避风塘"商标，我听了就直言相告，讲述避风塘菜的真正诞生地。结果，"避风塘"商标抢注无效。这道菜的主料红蟹，是蟹中珍品，它体大壳薄，里面白肉，外壳花红，肉质丰厚、嫩滑、鲜美，是季节性海产品。

主料：红蟹1千克

辅料：金沙料250克

料头：姜片2片，葱2条，青、红辣椒5克

调料：花生油1 500克（耗50克），精盐2克，味精2克，上汤20克，湿粉10克，绍酒10克

初加工及精加工

◎在蟹的肚中部斩一刀（至半深度）将蟹至死，然后将蟹盖揭起，削去蟹盖硬物，除去污物，将蟹的鳃刮去，斩去爪尖洗干净，将蟹钳斩开分成两段并沿着蟹爪分成块。

◎青、红辣椒切成丝，姜件、葱条放在砧板上拍烂，用姜、葱、精盐、味精等将蟹拌匀并腌制5分钟。

烹制及装盘

◎用上汤和湿粉调成碗芡。

◎烧镬下油至六成滚，放蟹过油，浸炸至九成熟取出，去油放回镬里，溅绍酒，落碗芡兜匀后放入金沙料和辣椒，炒匀上碟便成。

◎本作品以甘香、有汁、微辣为风味，蟹过油的温度和时间是最重要的，碗芡的作用是使蟹含有汁液又不过湿，能沾上干的金沙料，和避风塘炒蟹的原理大约是一样。

◎金沙料：炸蒜茸500克、面包糠500克、干椰茸250克、白芝麻50克、红辣椒75克、豆豉200克、味精100克、鸡精100克、精盐50克、甘草粉10克、桂皮粉10克、花生油1 000克（耗油约300克），共出金沙料1 900克。

◎烹制法：豆豉用清水洗干净，去掉沙、盐粒，滤干水分，放在镬里用慢火炒（炕）干，取出略剁成细粒；烧镬下油至五成滚，分别将面包糠、椰茸和白芝麻浸炸至浅黄色松脆，取出吸干油分，红辣椒干过油至脆，取出切碎；将所有配料、调料都放入容器里轻轻拌匀，放在有盖的容器里加盖防潮保管，但不能久存，否则会产生油臭味；炸蒜茸，蒜子剁成蓉用清水洗两次去其刺激味，滤干水分。烧镬落油，中火将蒜蓉浸炸至浅黄色，取出滤干油分便成。

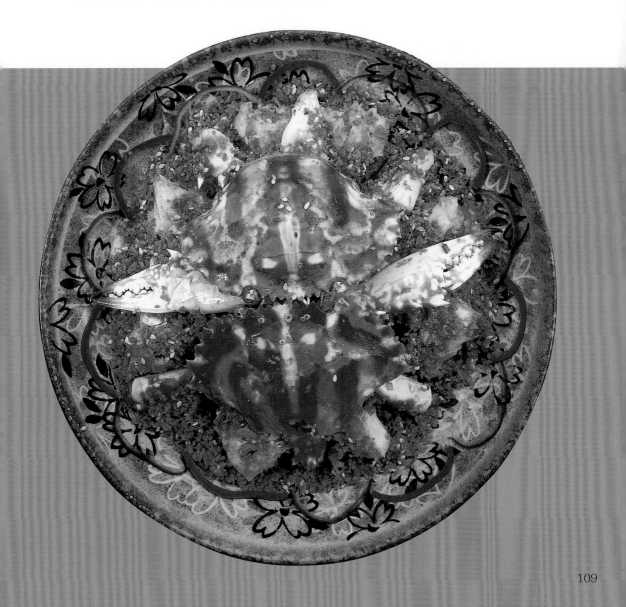

蝴蝶海参羹

经典粤菜　红烩法

·来源·

此肴的烹制方法是粤菜经典烹制方法中的红烩法。最大特色就是利用粤菜常用的红鸭汤，因红鸭汤和海参是经典搭配。它的主料是用较细的海参，采用斜刀法，切成薄片，模拟蝴蝶形状。其他配料也切成榄形小片，行内称"指甲片"。这是一道夏季佳肴，因配有叉烧肉、肾片、笋、菇等特色食材，美味与营养兼具。特别是红鸭汤的浓香，上汤的鲜，加上胡椒粉的辛辣，丰富了口感风味。

主料： 发好海参300克，肾片200克，瘦叉烧50克

辅料： 蝴蝶形笋花片100克，湿冬菇片25克，丝瓜青片25克，原红鸭汤200克，上汤1000克

料头： 姜件1片，葱2条

调料： 花生油20克，精盐3克，味精2克，湿粉15克，绍酒10克，老抽5克，麻油0.5克，胡椒粉0.07克，姜汁酒15克

初加工及精加工

◎将瘦叉烧、湿冬菇、丝瓜等均切成指甲片。

◎将海参切为条形后，用斜刀切为中件，用姜汁酒滚煨过，倒在疏壳里。

◎肾片用滚水飞至五成熟，取出，滤干水分，烧镬落油至五成热，放下肾片过油至熟，取出去油。

烹制及装盘

◎溅绍酒，落红鸭汤、上汤和上述各原料放在镬中，用精盐、味精调味，用湿粉勾芡，撒上胡椒粉，包尾油推匀，盛在汤窝里便成。

【 技艺要领 】

◎各种材料的刀工都要均匀，丝瓜只用瓜青部位。海参要去清灰和异味，腍而不烂。

◎所选材料多样。鲜、嫩、爽、脆、软、滑皆有，浓而不稠，鲜香美味，为夏季时令佳肴。

竹报平安是一道手工考究的高级佳肴，注重形态，必须使用上汤。竹荪，菌藻地衣类蔬菜烹饪原料，又称竹荪、网纱菌、竹鸡蛋等，产于四川。竹荪入馔始见于唐代《酉阳杂俎》。竹荪有菌中皇后、山珍之王、素菜之王的美称，多作名菜。因两样食材本来都是清淡而无味的，所以烹制时一定要靠外来鲜味补充。

主料： 干燕盏50克

辅料： 发湿竹荪150克，菜远180克

调料： 花生油30克，精盐5克，味精4克，白糖3克，生粉6克，上汤350克，绍酒5克，麻油0.5克，胡椒粉0.05克，二汤500克

初加工及精加工

◎干燕盏用清水浸泡4小时，换水两次，捞出，将燕盏头（白色）撕开滤干水分，转载在炖盅里下开水加盖焗30分钟，取出换清水两次，取出盛在白色碟子里捡除燕毛和杂物，用清水浸泡着备用。

◎竹荪用清水浸泡五小时后，用干生粉拌匀小心搓擦出黄色和陈味，用清水漂洗两次，用清水滚1次后过冷，用清水浸泡候用。

◎发湿竹荪改去头、尾，用二汤、精盐、味精滚煨后滤干水分。将燕盏滤干水分盛在密笊篱里，用滚上汤（200克）淋煨入味，稍晾凉吸干水分酿入竹荪里，排放在碟子里。

烹制及装盘

◎ 将酿好的竹荪上笼蒸热，取出用洁净毛巾吸干水分。

◎ 菜远用上汤、精盐、味精飞熟后拌在竹荪之间，用上汤、味精、麻油、胡椒粉调味，用湿粉勾琉璃芡淋在表面便成。

【技艺要领】

◎ 首先要去除竹荪的腐味和菌盖、菌托。竹荪具有脆嫩、清香的特点。竹荪的吸味能力超强，能将滚煨时下的盐味汤化为淡水，烹制时要特别留心所使用的咸味。

◎ 选用竹荪的时候，条头（形状）大小要均匀。芡要琉璃芡不稀不稠，淋要均匀，刚有即可。

◎ 必须使用上汤。如果不使用上汤，用泉水那就是另一番景象，暴殄天物。

◎ 燕窝烹制工艺见前面红烧官燕菜肴，这里不重复。

雪花茭笋皇

经典粤菜 酿煎焖法

来 源

茭笋，是广府的叫法。它的学名叫茭白。它与莼菜、鲈鱼被誉为江南三大名菜。广州最出名的茭笋产于荔湾泮塘水乡，茭笋是"泮塘五秀"之一。茭笋入馔在广府名菜谱里有虾籽茭笋、红烧茭笋、凉拌香麻茭笋等。雪花胶，即墨鱼胶。因为像雪花那样洁白，所以称雪花胶。20世纪80年代初市场上有许多清洗干净的冻品大墨斗鱼供应。当时以鲜炒为多，其实用来打胶也很靓，且好用。

主料： 茭笋1000克，墨鱼胶150克

辅料： 虾籽2克

料头： 姜米5克，葱花6克

调料： 花生油100克，精盐2克，味精1克，白糖1克，绍酒5克，上汤150克，蚝油10克，老抽2克，麻油0.5克，胡椒粉0.06克，干生粉10克，湿粉6克

初加工及精加工

◎茭笋刨去皮后，分成两段，上段切厚件，下段开边后切成两厚片，中间抹上干生粉，将鱼胶酿在里面。

烹制及装盘

◎烧镬落油搪镬，放下酿茭笋煎至鱼胶金黄色，落姜米，溅绍酒，落上汤、蚝油、味精、白糖、麻油、胡椒粉焖至熟，落老抽，用湿粉勾芡，落包尾油，盛在碟里。

◎烧镬落油至五成热，放下茭笋厚件过油，取出去油，落姜米、葱花、茭笋，溅绍酒，落上汤、虾籽、精盐、味精、白糖、麻油、胡椒粉等，将茭笋焖熟，用湿粉勾芡，落包尾油，盛在碟里便成。

【技艺要领】

◎打墨鱼胶要去除墨鱼的皮膜和硬边，胶蓉要够蓉烂。操作：将墨鱼蓉放在盆里加盐、味精，顺时针搅拌匀并挞至起胶（以挞为主），即逐步将蛋清加入，再逐步加入清水和稀生粉，再挞至起胶便成雪花胶。雪花胶比例：墨鱼蓉500克、精盐10克、味精5克、生粉20克、蛋清50克、清水50克、麻油5克。

◎茭笋中含有草酸，烹饪前要先焯水过冷再进行下一步的工序。本菜肴使用嫩滑带爽的墨鱼胶（俗称雪花胶），配上虾籽的浓香鲜甜味，加上细致的烹饪工艺即上升为时令精品。

百子金猴（带子猴头菇）

经典粤菜　扣扒炒法

野生猴头菇、海参、燕窝、熊掌，旧称中国四大菜，曾被列为贡品。1960年，人工栽培猴头菇获得成功。猴头菇分鲜品和干品，鲜品难保存，一般用干品为多。野生猴头菇一般都是干品，显得比较粗糙。20世纪70年代末，河南郑州的厨师朋友送给我1千克野生干品大只猴头菇，并介绍了相关做法。干品现在以人工培植为多，经过冷水浸发，滚煨出其异味，再爆至入味。此菜因加入南方特有的礼云籽（蟛蜞卵），更加美味。

主料： 鲜带子12粒，干猴头菇（人工栽培）200克

辅料： 火腿条12条，短菜远12条，礼云籽（蟛蜞卵）5克

料头： 姜米1.5克，蒜蓉1克

调料： 花生油1000克（耗100克），精盐4克，味精3克，上汤40克，生粉15克，绍酒10克，蛋清5克，芡汤10克，麻油1克，胡椒粉0.08克

初加工及精加工

◎鲜带子洗干净吸干水分，用精盐、味精、生粉、蛋清拌匀腌10分钟，将火腿条、短菜远穿在带子中间。

◎干猴头菇用清水浸泡一晚，取出清理杂物。将猴头菇滚熟，过冷，切成厚片，用上汤煨透，吸干水分，用蛋清拌匀。

烹制及装盘

◎烧镬落油至四成热，放猴头菇过油，取出去油，落姜米、蒜蓉，溅绍酒，落上汤、将礼云籽、精盐、味精、麻油、胡椒粉、湿粉勾芡放在碟中央。

◎用芡汤、湿粉调成碗芡；用二汤将带子飞水至五成熟；烧镬落油至五成热，放下带子过油至熟，取出去油，落姜片、带子，溅绍酒，落碗芡炒匀，落包尾油，盛在碟里便成。

【技艺要领】

◎郑州厨师介绍的加工方法：猴头菇干品需用清水浸泡一个晚上，去除老蒂根，顺着猴头菇的毛针撕成片，用鸡汤蒸扣2小时，取出，晾凉吸干水分，用蛋清兑湿粉拌匀，过嫩油（四成油温）至蛋清熟，取出滤去油分，再用鸡汤略炆勾芡。经过那么多道工序，出来的菜肴仍是没有想象中的嫩滑口感。

◎近年有许多人工培植的猴头菇干品供应，这个问题就解决了，容易做到了。猴头菇是素食的好材料，人工培植的毛针没有野生的毛针那么长，但比它软嫩多了。我觉得猴头菇和虾籽配搭调味是绝佳组合。

红菱大地鹧鸪

经典粤菜 清焖法

菱，水生植物，是广府著名的"泮塘五秀"之一的菱角。鲜嫩果实可以生食、蒸食或煮食。主要用途为制作淀粉，俗称菱粉，是勾芡的最佳用粉之一。菱为淀粉性食品，热量高，古人把它作为主食代用品。

鹧鸪主要栖息在浙江以南各省丘陵山地。体长约30厘米，肉味极鲜美。因捕捉困难，所以价贵，现在已繁殖饲养成功。李时珍对鹧鸪极尽赞美之词，称鹧鸪"体似鸡，头似鹌鹑，性高洁，南人喜食。肉味胜鸡，有益智强壮之效"。广府人认为鹧鸪是以生半夏（中草药）为主食的，有祛痰之功。同时因为雀鸟之源，鹧鸪属不可多得的食材，肉质清鲜嫩，皮薄无肥油，多用作炖汤首选，用来与时令佳肴结合，运用粤烹炊法，更是相得益彰。

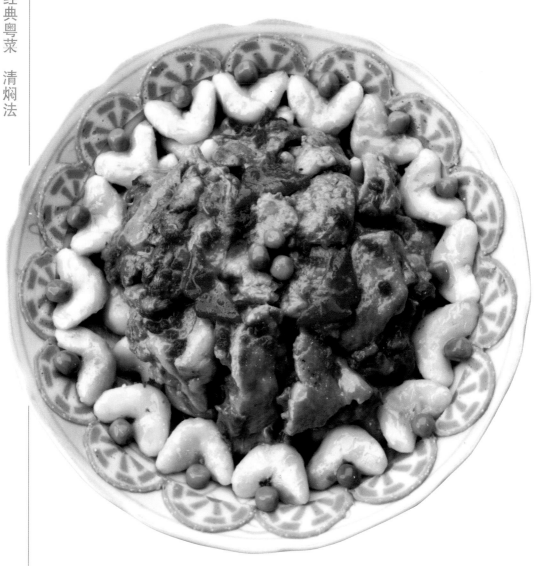

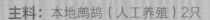

主料： 本地鹧鸪（人工养殖）2只

辅料： 菱角肉200克

料头： 蒜蓉3克，姜米4克，冬菇片5克，大地鱼末0.8克

调料： 花生油1000克（耗60克），二汤300克，精盐2
克，鸡粉2克，湿粉10克，蚝油10克，白糖2克，
老抽2克，绍酒15克，麻油0.6克

初加工及精加工

◎将鹧鸪宰干净，起肉去骨，将胸肉片为两片，
用刀背划井字花纹，后切成"日"字形的脯，
用湿粉拌匀。

◎菱角肉滚熟去衣。

烹制及装盘

◎烧镬下油至五成热，放下鹧鸪脯过油至七成
熟，取出去油。放下蒜蓉、姜米、冬菇片、鹧
鸪，溅绍酒，加入二汤、大地鱼末，下蚝油、
鸡粉、白糖、精盐等调味，将菱角肉放下同焖
至腍，用老抽调浅红色，用湿粉勾芡，加包尾
油便成。

【技艺要领】

菱角有羊角状硬角，内有一层薄衣包裹着的白肉。
使用前要剥去硬壳，清洗去除内衣。

金银冬瓜盅

来源

冬瓜盅，广东名菜。用炖熟的多种肉料和鲜草菇、鲜莲子等放入炖熟的冬瓜内而成。冬瓜既是盛载工具又是食材。特点是汤香醇味美、防暑解热，肉鲜滑爽脆，是粤菜夏令佳肴。此种烹调方法自南宋至清都有文献记载，只是所装之物料和细节有所不同。冬瓜与火腿是最佳搭配，所以在扣炖冬瓜底味时加少量碎料火腿，会使冬瓜盅的瓜肉更有香鲜味。为了添加色彩，特别增加了丝瓜粒，但只是要瓜皮青。

主料： 冬瓜蒂1个（4 500克）

辅料： 鸭肉粒150克，瘦肉粒100克，火腿粒25克，丝瓜粒25克，鲜莲100克，鲜菇粒100克，烧鸭肉粒75克，肾粒75克，虾仁75克，火腿蓉5克，夜香花50克

料头： 姜件5克，葱2条

调料： 上汤1 250克，二汤2 000克，鸡骨200克，精盐10克，味精7克，湿粉15克

初加工及精加工

◎冬瓜修斜边，盅口外改成粗锯齿形，去瓜瓤后放在开水里滚10分钟，取出，用清水过冷，放在炖盅上立起。

◎将鸡骨飞水洗净和碎料火腿放在瓜盅里，加入二汤（浸至瓜盅口）、精盐，放在笼里中火炖1小时。

◎分别将鸭肉粒、肉粒用湿粉拌匀飞水，加姜件、葱条、二汤上笼炖1小时，取出去掉姜葱，原汤留用。火腿粒加二汤上笼炖1小时，取出原汤留用。

烹制及装盘

◎将瓜盅取出倒出原汤，拣去鸡骨和火腿碎料，用洁毛巾吸干水。将肾粒、虾仁、鲜菇、鲜莲、丝瓜粒等用二汤飞熟放下瓜盅里，放下烤鸭肉粒和炖好的鸭肉粒、肉粒、火腿粒等放入冬瓜盅里。

◎将上汤和炖肉原汤放入，用精盐、味精调味，微滚后放在冬瓜盅里，最后将夜香花、火腿蓉镶在瓜盅边上即成。另跟用精盐压制的盐饼为佐料（冬瓜忌用生抽，生抽会发有酸味）。

【 **技艺要领** 】

◎选用较老的冬瓜蒂（25厘米），一定要飞水；将整个冬瓜盅放在汤罉里要压沉在水里，用中火滚20分钟，取出过冷水浸泡，才能使冬瓜盅肉通透，否则会使瓜肉夹着，呈白布状。

◎汤，一定要清鲜，所以把所有食材放入冬瓜盅里，最后才将调味后的微滚的汤倒入冬瓜盅里。

鲜栗焖田鸡

经典粤菜　拉油焖法

◇ 来 源 ◇

此菜原为鲜栗焖石蛤。石蛤，形似田鸡，是广府人对石鸡的俗称。石蛤生长在石林山区，古称"山蛤"。其肉质细嫩洁白，可与家禽媲美。在庐山、黄山，它与石耳、石鱼并列为名产特色"三石"。从前广州从化采购来的山货石蛤，其肉质比田鸡鲜甜嫩爽许多，与田鸡的烹制方法相同，炖汤、焖更是一流。烹制时要熟透。如今石蛤不宜食用，用田鸡替代，做法完全一致。

主料： 鲜栗子400克

辅料： 田鸡750克

料头： 姜片3克，葱段5克，草菇料5克，蒜蓉5克

调料： 花生油1000克（耗100克），精盐4克，味精2克，绍酒10克，上汤50克，生粉10克，麻油0.5克，胡椒粉0.05克，湿粉10克

初加工及精加工

◎将带皮的生栗子斩十字花刀口，用清水洗净，放在镬里加水浸过面上，煮至熟（爆开口）取出晾凉剥去硬壳，剥除内衣。

◎田鸡斩去头后撕去皮，用清水浸泡30分钟。

◎去掉脊柱骨和小腿骨后斩件，滤干水分后拌上微量干生粉。

烹制及装盘

◎烧镬落油至六成热，放下田鸡过油至七成熟，取出，去油，跟着落姜片、蒜蓉、田鸡，溅绍酒，落栗子、草菇料，用精盐、味精调味，炆至熟。

◎落葱段、麻油、胡椒粉，用湿粉勾芡，落包尾油，转盛在砂锅里即成。

◎田鸡宰杀后用微量盐拌匀，再用清水浸泡，洗净血污。

◎烹煮时一定要焖至熟透，骨里不见红。其肉质爽、鲜，与鲜栗的果
甜汇合，是一道很好的时令粤菜。在夏季用鲜荷叶垫着清蒸也非常
合适。

走油田鸡

经典粤菜　焦熘法

·来源·

此菜是历史名菜，现在很少有人介绍了，成功者懂得
运用中国烹饪方法。熘，将烹制好的汁淋在预熟好的
主料上，或把主料投入熘汁中快速翻拌均匀成菜的烹
调方法。有滑熘、焦熘、软熘法。焦熘，又称脆熘，
如河南的焦熘鱼、四川的脆皮瓦块鱼、广东的糖醋咕
噜肉等。同属此烹调法（中国大百科）。

走油田鸡，是根据熘的原理，使用粤菜常用的蚝油咸
芡，外脆内嫩，有汁。

主料： 田鸡750克

辅料： 鲜笋150克，鸡蛋5克

料头： 葱段6克，姜片4克，料菇10克

调料： 花生油1500克（耗150克），精盐1.5克，味精1克，白糖3克，蚝油10克，上汤350克，生粉150克，麻油0.5克，胡椒粉0.05克，绍酒10克，二汤500克，湿粉8克

初加工及精加工

◎田鸡宰杀好洗净，滤干水分，除去脊柱骨和小腿骨后斩成块。

◎鲜笋切成长方条（1.5厘米），在一面1/4处直刀切至3/4深度，翻转用同样方法切，再将侧面翻正，用直刀斜切榄形至3/4深度，翻转用同样方法将笋肉切出双榄形（俗称十字笋，传统称鸦雀笋）。

烹制及装盘

◎用清水将鲜笋飞水，再用二汤、精盐煨透，取出，滤干水分。

◎田鸡块用精盐、湿粉、微量鸡蛋拌匀，再用干生粉将田鸡拌成像咕噜肉样的。

◎烧镬下油至六成热，放下田鸡炸至熟，浅金黄色皮脆捞出，放下笋肉过油倒出，去油，跟着下葱段、姜片、料菇，溅绍酒，落上汤、蚝油、白糖、味精、麻油、胡椒粉等调味，用湿粉勾芡后将炸好的田鸡和笋放下兜翻转，上碟便成。

【技艺要领】

◎这其实是一种很简单的烹饪技艺。将炸好的肉料，放在已调味并勾好芡上面兜匀，芡汁包裹匀即成。

◎芡汁要宽，要有些泻脚芡汁。操作要快才能达到皮脆、肉嫩、有汁。和京熘咕噜肉一样，只不过味、形不同。

白玉罗汉

经典粤菜　扣扒法

来 源

冬瓜，在中国瓜类中栽培历史最悠久。《本草纲目》称冬瓜为冬季成熟，故名冬瓜。冬瓜成熟后久存不坏，是四季食材。这道白玉罗汉，不是寺院菜，是荤素融合的。原先是我为参加全国第二届烹饪比赛而设计的。白玉，是指用冬瓜经火腿汁煨靠而成的，通透咸鲜香，再藏入美味的素食原料。造型美，素中有肉香，材料易得、易制作，满足要食素又要美味的需求。

主料： 冬瓜件1500克

辅料： 鲜菇75克，蘑菇75克，红萝卜15克，湿榆耳50克，湿黄耳50克，鲜白果50克，湿雪耳25克，湿发菜100克，西兰花150克

调料： 花生油100克，精盐5克，味精4克，火腿汁5克，上汤500克，白糖4克，蚝油5克，湿粉10克，麻油0.6克，二汤500克，姜汁酒10克

初加工及精加工

◎冬瓜件去皮，去瓤后，用开水滚熟，取出，放在清水里漂凉。将冬瓜件取出改成圆形，放在窝里，加上汤，用火腿汁调味，上笼炖30分钟，取出，滤去水分。

◎将冬瓜件内的瓜肉挖出，成窝形。

烹制及装盘

◎湿榆耳、湿黄耳改刀后用姜汁酒滚煨，用蚝油、上汤、白糖上镬焖5分钟，然后滤干，放在冬瓜窝中。

◎鲜菇、蘑菇、红萝卜花、雪耳分别煨入味后，用上汤、蚝油、味精、白糖、麻油等调味，用湿粉匀芡，取出，放在冬瓜里。

◎再将挖出的冬瓜盖上，将冬瓜件回笼蒸热，取出，覆转放在碟里。

◎西兰花用二汤、精盐、白糖焯熟，再下镬用上汤、味精、湿粉勾芡后，排放在冬瓜的旁边。湿发菜用开水滚透后，滤干水分，再用上汤、蚝油、味精、白糖调味，用湿粉勾芡，取出，放西兰花面上；白果用二汤滚熟，再用上汤、精盐、味精、麻油调味，湿粉勾芡，取出，放在发菜面上；用上汤、火腿汁、味精、白糖、麻油调味，再用湿粉勾芡淋在冬瓜面上便成。

【技艺要领】

◎冬瓜件要在滚水里中火滚20分钟，取出，漂冷水才能使冬瓜通
　透。取出后用火腿汁、上汤调味上笼蒸30分钟，取出连同汤浸
　泡晾凉让其入味。做窝形挖出的冬瓜留用。

◎所有材料都要分别烹制完成基本味。

◎勾最后淋芡汁时，调配一定要用上汤和火腿汁为底味，这样才
　能使冬瓜不至于寡味，同时淋芡要宽些。

荷香上素

经典粤菜 炆、扒法

荷香上素源自罗汉斋。荷叶和莲花都是佛教的圣物，利用荷叶的清香和诱人心田之味，使之锦上添花。利用三菇六耳和竹荪等原料各自特有的香味和特殊的口感，汇合一齐，可称是素菜之王。业内传闻，当年西园酒家的师傅给大户人家上门到会，做鼎湖上素。由于不是在本酒家厨房里做，不能带味之素之类增味剂。他们就发明了用洁白干净毛巾，把味之素溶解于水里，再用毛巾吸味晒干，带去现场再泡入清水里，作为调味料。因为那些素食材料也需要鲜味剂补充才会好味。那些说泉水好味的，是伪科学。

主料： 笋花100克，发好湿雪耳75克，发好桂花耳20克，发好黄耳150克，发好榆耳150克，发好竹荪50克

辅料： 鲜草菇30克，蘑菇30克，湿冬菇50克，鲜荷叶1件

调料： 花生油200克，精盐2克，味精2克，白糖1克，绍酒15克，湿粉15克，上汤75克，二汤1000克，麻油0.5克，胡椒粉0.05克

初加工及精加工

◎将榆耳斜刀切薄片，黄耳切成片，竹荪切成段，鲜草菇切开两边。

◎荷叶洗干净后，用滚水焯熟，张开铺在窝里。

◎桂花耳用二汤滚过，再用上汤、精盐、味精煨透，取出，放在荷叶中央。

◎用二汤、精盐、花生油将榆耳、黄耳、雪耳、竹荪、鲜草菇、冬菇、蘑菇、笋花等滚过，取出，滤干水分。

烹制及装盘

◎烧镬、下油、搪镬，溅绍酒，放入上汤、精盐、味精、白糖、麻油等，再将以上原料放下煨透，取出，吸干水分，排放在荷叶里，将荷叶包起，上笼蒸5分钟；取出复转在碟里，用剪刀在荷叶面上剪取一个窗口。烧镬下油搪镬，溅绍酒，下上汤、味精、麻油、胡椒粉，用湿粉推芡，加包尾油推匀淋在面上便成。

【技艺要领】

◎榆耳、黄耳用清水浸泡一个晚上，转用开水焗2小时，取出过清水，取出刮去榆耳
　细毛，刷去黄耳的木梢、泥沙，分别漂洗干净后改切1.5厘米的片，滚煨去清杂味。

◎近年来，除了桂花耳外，烹制本道菜肴的原料都可以找到，可能是桂花耳还没有
　培植成功。桂花耳生长在桂花枯木上，干品带有枯木枝，浸泡3小时后，枯木上
　像长了绿豆芽两片小叶一样，比桂花大一点，色泽一样的，那就是桂花耳。桂花
　耳成率极低，50克干品涨发，剪净去掉枯木和老根，煨好，只有10克左右，是极
　品，独具桂花香。因为都是干品，都有本质的芳香，集各种香味大成。

飘香荷叶饭

经典粤菜　拌包蒸法

来源

明末清初屈大均《广东新语》记载："东莞以香粳杂鱼肉诸味，包荷叶蒸之，表里香透，名曰荷包饭。"着墨不多，但已把荷叶饭的产地、用料、制法、特点及其别名都写得清清楚楚。时至今日，东莞的群众仍称之为荷包饭。关于荷叶饭，说来有段历史。据传，南北朝时期，梁朝大将陈霸先奉命率兵镇守在建康附近的重镇京口以抵御北齐，梁朝民众听说陈霸先军粮困难，就用荷叶包饭，夹了鸭肉，去慰劳军队，支援陈霸先打了胜仗。据此记载，荷叶饭已有一千三百多年的历史。

主料： 丝苗米150克，香米100克

辅料： 鲜虾仁100克，叉烧肉粒50克，烧鸭肉30克，蟹肉30克，
草菇粒20克，鸡蛋2个，鲜荷叶1大件

调料： 猪油10克，上汤20克，二汤300克，精盐1.5克，味精2
克，米酒2克，胡椒粉0.1克，麻油0.5克

初加工及精加工

◎ 将米洗干净，用盆盛载，用猪油拌匀，加清水425克，
上笼用猛火蒸熟，取出晾凉。将米饭打散，下精盐、味
精、米酒、胡椒粉、麻油，拌匀。

◎ 鸡蛋去壳打散，在镬里扫油，用慢火将蛋煎成蛋皮，将
蛋皮切成指甲片大小。

烹制及装盘

◎ 将各种肉料分别切成粗粒；鲜虾仁、草菇粒用二汤、精
盐滚熟，取出，滤干水分；将所有粒料放在盘里。用上
汤将精盐、味精、麻油、胡椒粉溶解后，加入粒料中拌
匀，再将米饭放入一齐拌匀。

◎ 将荷叶洗干净后，分成5小件，将拌好的米饭放在中间
包好，排放在蒸笼里，用猛火蒸2分钟便成。

【技艺要领】

荷叶饭是广府食谱中有名的夏令佳品，要求使用当季生产的新
鲜食材。米饭蒸熟晾凉后应即时包制，烧鸭肉、叉烧肉出炉
后即时使用才有风味。所有食材在拌味料之前必须现时烹制，
因为时间长了荷叶香气会挥发掉，所以再加温的时间仅十多分
钟，目的是把鲜荷叶的香气蒸出渗透在饭里。为突出荷香味，
只加微量较为清淡的广东米酒增香即可。曾有人试着用绍酒，
结果因客人不接受而成为笑料。

酿豆卜萝卜

经典粤菜

来源

广府使用的鱼胶分为两种：一种是将鲮鱼肉刮出净白色的肉而成，无刺无杂色，打制而成称"鱼青馅"；另一种是将整条鲮鱼肉切薄片，剁烂加味料打制而成的，称"鱼胶馅"。后者用途广，加什么配料就叫什么鱼胶。例如，加虾米发菜就叫发菜鱼胶丸。本菜肴是粗料精制之作，运用厨艺将大众化的食品提升为精品，使家常之肴登大雅之堂。豆卜，是豆制品，是豆腐泡，别名油豆腐或油炸豆腐，广府民间称之为"豆卜"。4厘米的四方块炸豆腐，炸至有五分之一的炸皮面、色泽金黄、内呈老豆腐状。家庭日常做豆卜炆鱼、豆卜炆火腩、豆卜炆萝卜，也是小饭店常有的品种。

主料： 鱼胶馅200克

辅料： 豆卜150克，萝卜500克

料头： 姜米5克，蒜蓉3克，葱花5克

调料： 花生油40克，精盐2克，味精1.5克，白糖1克，上汤100
克，绍酒10克，生粉20克，麻油0.5克，胡椒粉0.06克，
磨豉酱3克，蚝油5克，湿粉10克

初加工及精加工

◎萝卜去皮后顺纹改成2厘米的方条，再在方条四边中间斜
刀切去小角条，成为有角十字形，再切成1.5厘米的块，
用清水滚熟，取出用清水浸着。

◎豆卜切成两块并将中间的豆腐挖出，粘上薄干生粉，将
鱼胶酿在里面并抹平鱼胶面。

烹制及装盘

◎烧镬下油搪镬，将酿豆卜放下煎至鱼胶金黄色，下姜
米、蒜蓉，溅绍酒，加入上汤，放入萝卜、精盐、味
精、蚝油、白糖、麻油、胡椒粉，加盖焖至豆卜熟，下
葱花，用湿粉勾芡，加包尾油，盛在碟里便成。

【 **技艺要领** 】

◎这道菜肴是广府家常菜，属于粗料精制，经过技艺和调味提
升也能登大雅之堂。

◎豆卜要选用当天出品的，油气味要纯正无异味。鲮鱼肉要新
鲜无腥味，要浸泡去清血污。

◎调味以家常味为主，利用萝卜的清甜、鱼肉的鲜美加上酱
香。同时使用磨豉酱（面豉磨烂而成），一定要用蒜蓉为料
头和酱爆香才炆，才突出风味。

◎鱼胶馅一定嫩滑无刺，先煎后炆、味鲜香浓。

荔荷大鸭

分炖法

◆ 来 源 ◆

这是一个用夏季盛产的时令佳果荔枝和荷花为配料烹制出的鸭馔。荔枝是岭南佳果之一，苏东坡就有"日啖荔枝三百颗，不辞长作岭南人"的赞叹。荔枝当以啖食为妙，以之入馔，也别有风味。粤菜以花卉入馔也是特色，荔枝成熟的季节也是荷花满塘香的季节，鸡鲜鸭甜，鸭汤的清甜，荔枝的荔香和荷花的芳香共冶一汤，是夏季尝鲜的佳品。

主料： 光鸭1只750克

辅料： 鲜荔枝12个，荷花1朵，瘦猪腱肉100克，瘦熟火腿粒25克，上汤700克

料头： 二汤500克，姜件2片，葱2条

调料： 精盐1.5克，味精3克，绍酒10克

初加工及精加工

◎将鸭洗净，从背部切开，去掉嘴、尾臊，敲断四柱骨；猪腱肉切成10块；荔枝去壳、核，切成两块；荷花洗净，剪齐两头。

◎将鸭飞水至熟取出，洗去绒毛和异物，肉腱飞水至熟和火腿粒放盅里，加入姜片、葱条、精盐、味精、绍酒，加二汤浸过面上，加盖上笼炖1.5小时。

烹制及装盘

◎将鸭取出，拆去胸骨、锁喉骨，去掉姜葱，将火腿和肉腱放在盅里，再将鸭放在面上，将原炖鸭汤过滤净，和上汤一齐加入盅里加盖用中火炖40分钟。

◎取出，将荔枝和荷花放下，再炖20分钟后便成。

【 技艺要领 】

◎鲜鸭在初加工就要把鸭尾臊除去，否则汤里有骚味。

◎为了使荔枝和荷花的香味不流失，在加温前要封上砂纸。加温的时间不能长，因为水果加温时间过长，会使果酸挥发出影响汤味。

◎如果盖上鲜荷叶加温对整个荷香气味和造型更佳。

藕乳飘香

改革创新粤菜　煎酿炒法

来 源

藕，属水生类蔬菜烹饪原料，荷莲对烹饪食材贡献良多。莲藕，外皮黄白色，内部白色，有许多条纵行的中空管。原产于中国和印度，是中国特产之一。藕的烹法有蒸、煎、炸、炒、炆和做汤，广州新垦产的藕也是一流的。鱼青：鲮鱼肉用刀刮出净肉、刮至有红色肉即止，用清水将鱼肉洗去血污、吸干水分再剁蓉，放在盆里加入精盐、味精拌匀后挞至起胶，为鱼青馅。

主料： 莲藕750克

辅料： 鱼青180克

料头： 姜米5克，蒜蓉4克，大地鱼末10克，安虾5克，葱花5克

调料： 花生油1000克（耗100克），精盐2克，味精4克，南乳汁5克，白糖3克，生粉10克，绍酒15克，麻油0.5克，胡椒粉0.05克，上汤30克，二汤500克，湿粉5克

初加工及精加工

◎安虾浸湿后洗干净切碎，鱼青落大地鱼末、安虾、葱花捣匀，挞至起胶。

◎莲藕洗刷干净后刨去皮，要中段的切成3厘米厚的片20件，其余的切成2厘米厚的片。

烹制及装盘

◎将3厘米的厚片用二汤、精盐滚热，取出过冷，吸干水分，在一面粘上生粉，将鱼青酿在面上，再将一件藕片盖在面上压实，齐口抹平。烧镬落油搪镬，落藕饼煎至两面金黄色，落油将藕饼浸炸至熟，取出排放在碟边上。

◎用二汤将藕片滚熟，取出，滤干水分，烧镬落油搪镬，落姜米、蒜蓉、南乳、藕片爆香，溅绍酒，落上汤、味精、白糖炒匀，放入麻油、胡椒粉用湿粉匀，落包尾油取出盛在碟中央便成。

◎鱼青馅的比例：500克吸干水分的鱼肉、鸡蛋白50克、精盐5克、味精2克、生粉15克。

◎藕切片即放在清水里浸并清洗刀口，用淡盐水浸泡防止变黑。酿藕夹的馅料分量要均等。

◎煎藕夹用中火，煎至两面有浅黄色即可，加油浸炸至浮起至熟便可取出，切不可将藕片炸干，保持爽脆内嫩香。南乳汁和藕片味道也是很合的，但一定要用蒜蓉为料头爆炒，这样做其风味才能溢出，与南乳汁、莲藕炆猪手一样香味四溢，料头是非常之重要的。

椰青海中宝

改革创新粤菜　拉油炒法

这是一道标准的粤菜，拉油炒法烹制的夏令菜。20世纪80年代初，广州街头出现了许多椰子青（绿色嫩椰子），售价便宜，供作饮料。原果汁除清凉解热之外，椰肉是又香嫩又爽脆。于是大家把它引入菜肴，和海产品一起烹制，味道很不错。椰青确是上乘食材，新鲜的椰香味独树一帜。

主料： 椰青1只

辅料： 圣子皇100克，花枝球100克，湿海参150克，北极贝100克，芦笋100克

料头： 红萝卜50克，葱段10克，姜片5克

调料： 花生油1000克（耗50克），鸡蛋白5克，精盐1.5克，味精2克，绍酒10克，姜汁酒10克，生粉10克，麻油0.5克，胡椒粉0.06克，上汤10克，二汤500克

初加工及精加工

◎椰青从顶端将椰子汁液取出，原汁留用。再切成小块把肉挖出，削去黑皮切薄棱块。将芦笋切段，红萝卜切薄棱块。

◎花技球（墨斗鱼）取用中小个头的，刻花纹后洗净，滤干水分后用姜汁酒、盐和蛋清、生粉拌匀腌制。鲜圣子去壳洗净，北极贝（熟的大的改刀）一分为二。

◎用二汤加盐将红萝卜、芦笋和椰子肉飞熟。海参用二汤、姜汁酒和盐滚煨，将圣子、花枝球飞水至五成熟，取出。

◎用上汤、精盐、味精、麻油、胡椒粉、湿粉和小量椰子水调成碗芡。

烹制及装盘

◎用青瓜片在碟里砌椰树衬边。

◎烧镬下油至五成热，放下圣子、花枝球、北极贝过油至熟，取出，去油下葱段、姜片及所有原料，溅绍酒，下碗芡炒匀至熟，加包尾油炒匀上碟便成。

【技艺要领】

◎因为都是清爽食材，芡一定要紧包裹在食材上，有芡而不见芡才有味道，清爽光亮。

◎椰青选料要选些比较嫩的，入菜配料便于咀嚼。北极贝在广州多数已经是熟的了（红色），过油时应该最后才放下过油，否则会过火。碗芡里调入椰子原汁，因为带有果甜味，需注意调整甜味。

炒麦穗花鱿

经典粤菜　泡炒法

这是一道潮汕风味菜。1983年，轻工部和日本主妇之友社合作出版中国名菜谱（四大菜系）。合同里有一条款：组织作者到日本示范讲学菜谱里的菜肴。我有幸被选去执行，出发前曾到广州华侨大厦请教潮菜大师朱彪初。因为是日方选定品种，回来后需稍做改革，因上课时间有限和经营操作有别，就把原来的浸、切、腌、漂的工序流程改变成浸、腌、切、漂。因为日本找不到我们需要的达濠鱿鱼，我就改用更加厚身的竹叶鱿鱼，改用这个方法，那穗花更美。

鱿鱼，肉质细嫩，味道鲜美，质量远超乌贼。鱿鱼可鲜食，大部分加工干制成鱿鱼干，鱿鱼干和鲍鱼、干贝、鱼翅、海参等被列为海八珍。炒麦穗花鱿是粤菜风味，是用粤东的达濠鱿为主，用精细的刀花切出麦穗形，以形为菜名，独特之处是调味料中使用香鲜美味的鱼露。菜肴形如茁壮的麦穗，色泽金黄，软嫩鲜香。

主料： 水发竹叶鱿鱼400克

辅料： 鲜笋肉50克，水发香菇20克

料头： 红辣椒10克，葱段8克

调料： 猪油1000克（耗75克），鱼露10克，味精3克，胡椒粉0.05克，
绍酒10克，湿粉15克，上汤40克，麻油0.5克

初加工及精加工

◎将鱿鱼洗净，用直刀从头部右上方起斜着向下至尾部刻斜纹。
把鱿鱼调转，再由尾部右上方起斜着刀向下铲斜纹，每距3厘米
铲出一块。

◎用枧水将鱿鱼拌匀腌20分钟，将鱿鱼放在清水里漂清枧味。

◎把香菇、辣椒切块；笋肉刻成笋花后，切成0.2厘米厚的片。

◎将上汤、味精、鱼露、胡椒粉、麻油和湿粉调成碗芡。

◎用二汤将鱿鱼飞水至五成熟。

烹制及装盘

◎烧镬下熟猪油，烧至五成热，放入鱿鱼过油至熟，取出去油；
放入葱、笋、香菇、辣椒略炒，加入鱿鱼，溅绍酒，用碗芡炒
匀，加包尾油炒匀上碟便成。

【 **技艺要领** 】

◎鱿鱼涨发方法有：1. 冷水泡法，将干鱿鱼放在冷水中浸泡2~3小
时，使鱿鱼吸收水分变软，撕掉外层衣膜和明骨，将头腕部分与鱼
体分开，洗净即可。这种涨发适合用于体薄的鱿鱼，起率较低，但
不失鱿鱼的特殊风味，口感较有韧劲。2. 碱发法，用碱水加入清水
将干鱿鱼放下（根据鱿鱼大小、老嫩、厚薄而定时间），待鱿鱼涨
发饱满，富有弹性时捞出，放在清水里漂浸，去碱味即可成。也有
将鱿鱼浸湿除去衣后改刀花，直接用小苏打或涨发剂涨发，再清除
碱味。所以碱发的方法也可分为多种。

◎因是泡炒法，鱿鱼是用食用碱水腌制法的，所以芡要大些。同时碱
味一定要清除，漂干净。

凤果鸽脯

经典粤菜　拉油炆法

╼ 来 源 ╾

苹婆，梧桐科常绿乔木，广府人称"凤眼果"。叶长椭圆形，果实成熟时为暗红色角型果，里面有2~4个的小蛋似的种子；种子呈椭圆形或矩圆形，黑褐色，被称之为"凤眼果"；成熟后的苹婆果，剥去黑色坚硬外表皮，再剥去半透明内皮，呈蛋黄色内心，可供食用。凤眼果烹熟后的味道如栗子，自带韧感和蛋香，其味微甜而香、肉爽多汁的口感比板栗更胜一筹。

乳鸽，体态丰满，肉质细嫩，纤维短，滋味浓鲜，芳香可口，是上好的烹饪食材。粤人认为乃是飞天之物，俗语有"伶食天上四两、唔食地上半斤"的说法。本菜肴运用粤菜烹饪之"炆"法，成菜香浓美味，时令季节佳肴。

主料： 凤眼果500克

辅料： 乳鸽2只

料头： 料菇25克，葱段5克，姜米3克，蒜蓉3克

调料： 花生油1500克(耗50克)，上汤50克，精盐3克，味精2克，蚝油10克，白糖1克，绍酒10克，老抽1克，湿粉10克，麻油0.5克，胡椒粉0.06克

初加工及精加工

◎ 将凤眼果用刀轻斩十字，放在滚水里滚熟，取出，剥去外衣和内衣，上笼蒸至够身。

◎ 将宰净的乳鸽起肉，胸肉片成两片，用刀背在肉上压井字纹，改成"日"字形的脯，用湿粉拌匀。

烹制及装盘

◎ 烧镬落油至六成热，放下鸽脯过油至五成熟时放凤眼果过油，取出去油，下料菇、姜米、蒜蓉、鸽脯、凤眼果，溅绍酒，加上汤、蚝油、精盐、味精、白糖焖至腍。下老抽、麻油、胡椒粉、葱段，用湿粉勾芡，加包尾油，盛在碟里便成。

【技艺要领】

◎乳鸽起肉去骨后，在肉厚的胸部片出一块，再在肉面上用刀背略
　剁井字纹，因乳鸽肉嫩，不宜过密、过深。

◎本菜用的是拉油炆法，过油时油温不宜高（六成热即可），鸽肉
　经拉油烹制时间不宜过长。用镬上芡，要有泻脚芡。

炖禾虫

经典粤菜　蒸焙烤法

炖禾虫在珠三角地区很有传统，有不同风味的烹制配方。20世纪70年代的配方及烹制深受欢迎。春季禾虫出产时适逢春季广交会，来自港澳的宾客特别喜欢这个菜。他们来广州酒家吃完之后，还要约定离穗前打包带走。禾虫是沙蚕的一种，身体分节明显，体节两侧突出成具有刚毛的"疣足"，用以行动，能游泳。身长10厘米左右。平时栖息于泥沙中，生殖季节或夜出觅食时方游出水面。春秋季常由海上溯河口或至田中生殖。广东的禾虫，于每年农历四月及八月乘潮而出。

2016年5月，莲洲禾虫以其独特的捕捞及烹饪方式被列入珠海市第九批非物质文化遗产代表作名录。莲洲是珠海斗门区下属的一个镇，近年，莲洲禾虫已形成产业，经济效益、社会效益明显。2018年6月1日，在第四届亚太水产养殖展上被授予"中国禾虫之乡"牌匾。

主料： 禾虫600克

辅料： 净蛋150克

料头： 炸蒜子50克，肥肉头油渣35克，湿陈皮末1克，柠檬叶丝0.06克

调料： 花生油100克，精盐1.5克，味精1克，白糖1克，麻油5克，胡椒粉0.7克

初加工及精加工

◎将禾虫放在清水里让其游动，用水草在里面横捞出禾虫，反复两次。将禾虫用毛巾吸干水分，放在盆里，把花生油放下让禾虫吸入。

◎蒜子去衣后炸至金黄色；肥肉油渣切成小粒状。

烹制及装盘

◎将精盐撒在禾虫里，禾虫即时爆浆，再用剪刀略剪，将蛋、蒜子、油渣、陈皮末、麻油、胡椒粉、柠檬叶丝、味精、白糖等放下和匀，盛在瓦砵里，上笼蒸一小时至熟，取出，滗去水分，放入烤炉，烤至金黄色有香味，取出，将禾虫放在小火上烤至有浓香味，下麻油、胡椒粉便成。

【技艺要领】

◎这个配方特别要使用猪肥肉头炼炸后的猪油渣，因为这油渣经过蒸炖、焙烤也能保持香宜不化开。这炖禾虫里只有蛋、猪油渣、炸蒜子和禾虫之外就没有其他杂料了，突出以禾虫为主体的美味佳肴，里面的油要充足，这也是关键。

◎通过焙烤使香料陈皮、炸蒜子、胡椒粉、麻油在加温时，特别是上席前用明炉小火慢烤，再撒上柠檬叶丝。这道工序至关重要，但切记不要烤焦了。

◎选用的盛器也是讲究的，最好用瓦砵，因需蒸炖后在明火里烤。蒸炖熟的禾虫蛋要整砵放在烤箱里，慢火（80℃）1小时，将水分挥发。

家乡炒禾虫

经典小菜　浸炒法

禾虫是广府珠江三角洲一带的田间美食。它既可鲜用也可以干用，可作菜肴也可作小食。菜肴有炖禾虫、焗禾虫、酥炸禾虫、禾虫煎蛋、炒禾虫等。用浸炒法比较少见，因禾虫的皮太嫩了，如加热处理不当容易爆浆。本菜是用广府著名的叉烧肉、香菇、韭黄做辅料，用粤菜的小炒法烹制。为防爆浆，一定要用慢火微滚浸熟。料头也是非常重要的，陈皮、柠檬叶丝、胡椒粉都是去泥醒味、增香不可缺少的。

主料： 禾虫500克

辅料： 叉烧肉丝50克，湿冬菇丝40克，韭黄40克

料头： 姜丝15克，辣椒丝15克，湿陈皮丝10克，蒜蓉1克，米粉15克

调料： 花生油1500克（耗60克），精盐1.5克，味精1克，白糖1克，麻油0.6克，胡椒粉0.3克，湿粉10克，上汤30克，柠檬叶丝0.8克，二汤1500克，芫荽叶5克，绍酒10克

初加工及精加工

◎禾虫盛在清水里，用水草横将禾虫捞起，按照同样方法做两次，以去其杂物，滤干水分，用微开的二汤浸熟。

◎米粉用油炸脆捞起，放在碟里；叉烧、冬菇、生姜、辣椒、柠檬叶等均切成丝，韭黄、芫荽均切段，用上汤、味精、盐、胡椒粉、麻油、湿粉调成碗芡。

烹制及装盘

◎将叉烧丝、辣椒丝、姜丝炒熟，然后烧镬下油，将禾虫和配料等放下炒香，溅绍酒，下碗芡炒匀，放在炸米粉面上，将柠檬叶丝加上面便成。

◎烹制的第一工序是浸熟禾虫，这是非常重要的。在二汤还是
冻的时候，就要将活禾虫放下，慢火加温至微滚即熟取出。

◎因禾虫是虫类食材，口感要香、脆，才能显出特殊风味。需
配用众多的香性食材，包括原粒磨制的胡椒粉、陈皮丝、芫
荽、麻油和柠檬叶丝。柠檬叶要撕去叶骨，再切成像发丝那
么细。

◎炸米粉要够油温，要达220℃，否则不够松脆而带夹生。也
可以改用炸芋头丝，也是要细丝。落芡要少，不宜大和多，
有光泽即可。

鸡汁焗鳝片

20世纪80年代创新粤菜　炸熘法

此法灵感源于那个年代风行的火焰醉虾。人工饲养的大鳝口感略带苦涩。如果用常规粤菜的制作方法烹制，味道不太理想，改用酸甜味可去除部分涩味。鸡汁这里是指使用酸甜可口的辣鸡酱。大鳝、风鳝、白鳝都是广府人对鳗鱼的俗称。20世纪80年代，广东沿海、珠江三角洲农民开始批量养殖鳗鱼，以此作为出口创汇、脱贫致富的途径，得到国家的认可和鼓励。近年来，市面上出现的，都是人工养殖的鳗鱼，货源充足。

主料：大鳝（人工养殖）500克

辅料：辣鸡酱150克，洋葱丝50克

料头：青红椒丝10克，蒜蓉5克

调料：花生油1000克（耗60克），精盐8克，生粉50克，大曲酒25克

初加工及精加工

◎白鳝宰干净去净内腔和血污，横切成1.5厘米的片，再洗干净滤干水分，用精盐拌匀，用干生粉拌匀干身。

烹制及装盘

◎烧镬落油至六成油温，放下鳝片浸炸至浮起、金黄色、皮脆，熟，取出滤去油分后放在保鲜膜上。

◎去油后落洋葱丝、青红辣椒丝和蒜蓉爆香，落辣鸡酱（酸甜而不辣）微滚勾芡，淋在炸鳝片上，迅速包上并复转在碟里上席，席间淋上大曲酒并点燃，待酒烧完后在保鲜膜上剪开，便成。

【 技艺要领 】

◎用此法刀工要均匀，上生粉不能厚；如果粉厚多容易在落芡汁后生浆糊化，而不甘脆。

◎烹制、上桌时间要迅速，烹制后不能久放，会影响效果。同时使这道菜的肥腻口感变得甘香。如果改用粤式糖醋也是一种广府菜的风味。

◎广府糖醋汁：白醋500克、片糖300克、精盐15克、番茄汁35克、果液唛汁35克，煮热糖溶即成。

良乡柱脯

经典粤菜　扣扒法

栗子早为人类食用。西安半坡遗址发现有栗，殷商甲骨文中已有"栗"字。旧时品质最好的栗子产于京郊，叫"良乡板栗"。良乡板栗个小，壳薄易剥，果肉细，含糖量高。北方厨师把"良乡"作为栗子的代名词。正宗的瑶柱应该是小颗粒的，大粒贝实际上是用扇贝等加工而成的。如今市场上的大元贝产于日本，如宗谷贝和青森贝，体型较大，更适宜用粤菜中的扒法。

主料： 大元贝250克

辅料： 栗子肉200克，菠菜远150克

料头： 姜件2片

调料： 猪油50克，精盐1.5克，老抽1克，蚝油2.5克，绍酒15克，湿粉10克，胡椒粉0.05克，麻油0.5克，上汤100克，蒜子肉20克，二汤1000克

初加工及精加工

◎原粒蒜子肉切去头尾，用油炸至浅黄色，取出用清水滚去油分。

◎将瑶柱去枕排放在码碗里，轻轻用清水淋洗两次。加入清水250克、猪油15克、绍酒10克和姜件上笼蒸炖1小时，再加入炸蒜子炖30分钟，取出。

◎栗子肉用五成油温过油，取出放在镬里，用上汤、精盐炆五分钟，取出放在瑶柱面上。

烹制及装盘

◎烧镬，落二汤、精盐、猪油，将菠菜灼熟并滤干放在碟里。

◎将瑶柱栗子回热后滗出原汁，覆转在菠菜面上排放好。

◎烧镬落油，溅绍酒，落上汤、瑶柱原汁、蚝油、麻油、老抽、胡椒粉，用湿粉勾芡加猪油推匀淋在瑶柱表面便成。

【技艺要领】

◎ 瑶柱要选用颗粒均匀、色泽黄中微红、完整的，应有的瑶柱香味、无杂味。去枕时轻拿轻放，不要搞散。

◎ 淋洗即是将瑶柱放入碗后加清水浸冲两次，只是去浮陈而已，瑶柱一般都保存在干燥洁净的地方，防潮防湿。

◎ 蒸炖好的瑶柱要保持有汤浸过面上，如不够就加淡汤，瑶柱脯露出部分会色泽变黑和干结。

◎ 瑶柱和栗子都是浓、甜食材，注意甜味的调整。

龙凤生辉（榄仁炒龙虾田鸡片）

经典粤菜　拉油炒法

粤菜很讲意头。菜名力求大吉大利，故经常用谐音和比喻来起名。例如虾、蛇可称之为龙，鸡、田鸡类称之为凤，蟹黄称之为牡丹，蟹肉称之为珊瑚等。本菜肴是用著名的粤菜烹调法之拉油泡炒法完成的。龙虾，胸部粗大，略呈圆筒状，壳坚硬、色彩斑斓，腹部较短小，背部稍扁，尾部常曲折于腹下。龙虾肉质厚实，味道鲜美，富含蛋白质，中国龙虾以南海锦绣龙虾为优，因肉多、质爽脆、味鲜甜，做龙虾刺身是首选。近来随着科技进步，有大量澳大利亚产的龙虾应市，其肉质较厚实，比较适合牛油焗、豉汁焗、烩伊府面、咖喱煮和油泡龙虾球。本菜肴用龙虾肉和田鸡，配以榄仁，用粤菜的泡炒法使三种食材发挥各自特色，甘香嫩滑。

主料： 龙虾450克，田鸡450克。

辅料： 榄仁50克

料头： 姜片5克，葱段5克，胡萝卜花片10克

调料： 蛋清10克，胡椒粉0.05克，绍酒10克，湿粉15克，芡汤35克，猪油750克（耗40克），精盐5克，干生粉2克，麻油0.5克

初加工及精加工

◎龙虾从尾部放尿后，从头部用小刀插入取出虾线，头尾分离后放在冰水里浸泡20分钟。取出，从肚那面将壳剪开，剥出整条虾肉。虾肉从肚那面切至到一半后再顺着肉纹切分开，再片成厚片，用2克精盐和蛋清、湿粉拌匀，放在冰箱里。

◎田鸡宰杀后洗净血污，起肉片成片，用蛋清、干生粉拌匀。

◎榄仁用清水滚一次后再用清水加盐滚，取出滤干水分。烧镬下油至五成热放下榄仁浸，炸至浅黄色取出，散开滤干油分。

烹制及装盘

◎用芡汤、湿粉、麻油、胡椒粉调成碗芡。

◎烧镬落油搪镬，落油至五成热，将龙虾片、田鸡片放下过油至九成熟，取出去清油，跟着落姜片、葱段、胡萝卜片和虾片、田鸡片，溅绍酒，落碗芡炒匀至熟，落炸榄仁兜匀盛在碟里便成。

【技艺要领】

◎龙虾经过泡冰水方便脱虾壳，取出整条虾肉，利于改刀切片。

◎炸榄仁比较容易过火，浸炸至有浅黄色便要捞出及时散开，因油温余热使色泽变焦。

◎本菜肴是用标准粤菜油泡炒法，定要按照操作顺序完成，才能快捷、准确，有芡而不见芡，光亮美味。

◎芡汤：上汤500克、精盐35克、味精25克、白糖5克，用热上汤调匀溶解即成。

腰围玉带

经典粤菜　扒扣、油泡炒法

来源

在粤菜里，冬瓜是全年通用的蔬果，可烩羹，也可用瓜蓉和瓜粒做成夏令著名的八宝冬瓜盅、冬瓜荷叶煲老鸭、冬瓜炆田鸡、蟹肉扒瓜甫等。作为食材，冬瓜几乎涵盖所有刀法，诸如粒、蓉、条、件、块、盅等。冬瓜清淡，与它味道搭配最佳的是干贝、金华火腿和大干虾。

主料： 横切环形冬瓜750克

辅料： 鸡腰150克，鲜带子200克

料头： 姜片5克，葱段2克，火腿茸2克

调料： 火腿汁50克，上汤1 000克，鸡蛋白10克，精盐5克，味精3克，白糖2克，花生油1 000克（耗30克），绍酒10克，蚝油8克，麻油10克，生粉8克，湿粉10克，胡椒粉0.08克

初加工及精加工

◎冬瓜去皮、去瓤，在面上改切锯齿花纹，放在四成热的油里略炸，取出放在滚水里滚熟，取出用清水漂冷。

◎取出，放在窝里，用火腿汁、上汤调成汤加入窝里，上笼蒸炖20分钟取出，去汤吸干水分。

◎鲜带子用精盐、味精、生粉、鸡蛋白拌匀。鸡腰用滚二汤、绍酒、精盐浸熟后剪去筋。

烹制及装盘

◎烧镬落油，搪镬，溅下绍酒，落上汤、味精、火腿汁、白糖等调味，用湿粉勾芡淋在冬瓜面上，撒上火腿茸。

◎用上汤、精盐、味精、麻油、胡椒粉调成碗芡，用二汤将带子飞水至五成熟，烧镬下油至五成热，放下带子过油至熟，取出去油，落姜片、带子，溅绍酒，落碗芡炒匀，取出放在冬瓜环内。

◎烧镬落油搪镬，溅绍酒，落上汤、蚝油、味精、白糖、鸡腰、麻油、胡椒粉等，用湿粉勾芡，落包尾油，取出放在冬瓜环外便成。

【技艺要领】

◎冬瓜拉油至微显黄色即可。作用是使成品易于入味和挂芡，特别是飞水至熟和过冷水，否则会有白布色。上碟后再用洁净毛巾吸干水分并用筷子在冬瓜面上插小孔，以便芡汁渗入。

◎鸡腰浸熟的时候不能大火，否则会爆裂，一旦裂开就不完整。

◎鲜带子一定要先飞水后过油，如果直接过油，时间稍长，鲜带子就失去洁白，时间短则又不熟。

日本亚寿多大酒楼订制宴席

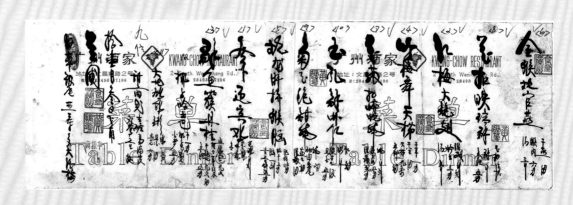

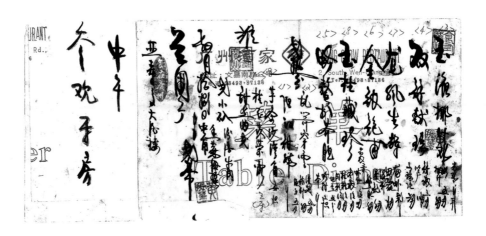

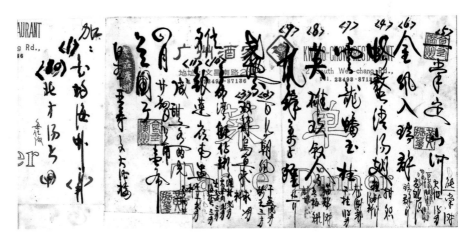

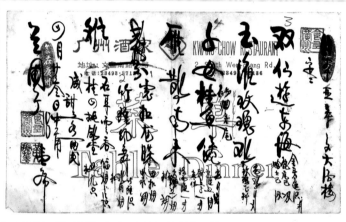

后记

2019年，是中华人民共和国成立70周年，是举国大庆的一年。作为一个平凡的厨师，我有一个愿望，就是用70道菜祝福祖国的70华诞。

2019年5月，国家举办亚洲文明对话大会。在北京、杭州、广州、成都4座城市同时举办亚洲美食节。广东的"粤菜师傅"工程，也让粤菜掀起了一个新的高潮。作为粤菜大军中的一员，我倍感兴奋。

2019年，是不平凡的一年。古语说：人生七十古来稀。但作为共和国，70岁却是正当盛年，蒸蒸日上。古稀之年的我，曾经历过艰难时期，看到今天国家繁荣富强，难抑内心激动，深深地为祖国骄傲，为作为他的子民而倍感自豪。因此，我想用自己积累多年的烹饪经验和餐饮资料，出版一本粤菜烹饪画册，作为个人对祖国生日的一份献礼。

20世纪60年代初期，我在广州沙面的鹅潭酒舫当厨工。那段日子，广州酒家的大厨师黄瑞、黎龙经常来酒舫，和老友一起饮茶聊天。当我得知这些知名酒家的名厨后，我就有一个梦想：有朝一日，我也要到广州酒家，成为大厨师的徒弟，向老师傅拜师学艺。

皇天不负有心人。1970年，酒舫撤场歇业，我刚好被分配到了广州酒家，与我一起的还有10位同事。我欣喜若狂，梦想竟然在一夜之间成真。在这个新的大平台上，我开始了自己的厨艺事业。

在广州酒家，我如愿以偿，成为黄瑞师傅的徒弟。我跟随黄瑞师傅多年，不但学到厨艺，还学到了师傅的为人处事，学到了一位匠人对事业的严谨和工匠精神。1976年，师傅告老退休，我接班3楼厨房的头镬兼部长。广州酒家的3楼属于对外接待部门，专门负责接待参加广州进出口商品交易会的世界各国来宾。在这里，我如饥似渴地学习，得到了大量的锻炼机会。在此期间，陈明经理在管理和厨艺上不断向我提出新课题，鞭策我努力创新粤菜，令我受益匪浅，一生受用。

追忆我在广州酒家的成长历程，我要

黄振华与师傅陈明（左一）、黄瑞（中）和梁应（右）合影

特别提到给予我最多帮助的陈明。他既是我的师长、领导，也是我的贵人。陈明在新中国成立之前，已经在高手林立的广州餐饮界享有名声，因为烹鸡了得，有"油鸡明"之绰号。1965年他刚成为广州酒家的掌门人不久，就遇上了"文革"。广州酒家建店60周年的画册里有一篇陈明的小传，名为《真我的风采》，里面有个小故事：

"文革"进入"夺权"的日子，当权的陈明被勒令"靠边站"。陈明靠了边，但没有站着不动，每天依然清早上班，夜半返家。从大堂到厨房，从柜台到仓库……陈明从没有放弃过责任。

1968年春夏之交，有人（造反派，酒家年青徒工）从酒家二楼用砖头、酒瓶掷向大街上游行的群众，引起事端。过一段时间的某天凌晨，有人（工人纠察队）武装包围广州酒家，说要提拿"坏头头"，气氛紧张得令人透不过气。酒家里的造反派嚷着要"文攻武卫""关门闹革命"。陈明急了，假如酒家成为某个山头的"战斗堡垒"，店内的国有资产便会遭到难以估计的损失。他立即联同欧华、梁健流、梁洪等几位酒家"老臣子"，说服那几个牛气冲天却全无方寸的"造反派"，坚持开工，不能停业，鼓励全体员工坚持"抓革命促生产"。

据我所知，这场冲突导致酒家"造反派"一些人被狠狠揍了一顿，广州话叫"挨了一顿藤鳝炆猪肉"。危急之时，还是陈明出来劝阻，打圆场，才得以解围。让大家没有想到的是，陈明这样一位"靠了边"的人还能力挽狂澜。

我于1970年底分配到广州酒家。我的目标非常明确，就是向大师傅们学习本领，练好厨艺。也许是因为这样的单纯和钻研精神，我有幸得到陈明的认可和喜欢。大概是出于名厨的职业习惯，他对菜式的搭配有很多灵感。每当他一有新想法，就会到厨房来叫我试做。他给我讲菜名、用料及味型。有时是他晚上把想法写在纸上，第二天交给我。我上班炒菜，工作服的口袋里，常常会有他给我的纸条。

有一次我们要研发一道名为"渔翁撒网"的汤菜。陈明提议，里面应该有竹荪花、蟹钳肉、鱼青丸和短菜远或丝瓜件，做成一道标准的粤菜伞汤。结果大获宾客的欢迎。

"桶子油鸡"是陈明的拿手菜，他"油鸡明"的绰号就是因此而来的，他把这道菜的技巧无私地传授给我。这道名菜在过去几十年内都是广州酒家的镇店菜式之一。

20世纪80年代初，我们重新研究佛跳墙这道传统菜肴，陈明给我们一个思路，就是粤菜的"五味调和百味香"的理念，还建议我们在用料和调味上都要有所突破，于是我们结合了飞、潜、动、植食材，烹制得法，让它们融合为一道浓郁的佳肴。结果这道菜在1983年的广州市名菜美点评比展览会上荣获了"创新名菜"奖，日本贵宾惊叹它为"奇味"。

有一年，我们研发"一掌定山河"，这个菜名定得很有气派，但用什么来象征"山河"呢？正在犯难之际，陈明提出：用乳鸽代表天上，用海参代表水里，用花菇代表陆地，这海、陆、空三者一起就构成了山河。一番话犹如醍醐灌顶，点醒大家。

每当有重大接待任务，他总是与我一起研究菜单，悉心指导我，一次又一次点醒我，提出创新菜肴的思路和点子。这种指导不是一天一年，而是持续十几年，一直到1984年他退休为止。

几十年过去，点点滴滴的往事犹如昨天，清晰呈现在我眼前。我一遍遍追忆，一次次感动，心生感恩之念。可以说，我的厨艺是在陈明的精心培养和指导下得以不断提升的。

我的回报方式就是更加努力工作。埋头苦干，勤学苦练，可谓十年磨一剑。1997年，我终于如愿考取了国家高级技师证，我的证号是60001。

2019年初夏，广东科技出版社找到我，建议我出版一本粤菜技法的图书。我在想，出版社难道也知道我想给祖国成立70周年献礼的梦想，怎么会这么巧呢？

又一次，我梦想成真。

我在女儿黄婉文的协助下，整理资料。从300多幅保留的照片中，精选了70多幅有关烹饪技法、获奖菜式及几个最有代表性的宴席老照片，就连那些标着老式计量单位"花码数"的手写菜谱，都翻出来了。这些旧菜单，都是我以前在工作的时候，用于起菜（炒菜）、备料及上菜使用的原始单据，是我亲手设计和烹饪的，所以特别用心收藏。这些资料，今天看来像是老旧文物了，但它们记录了粤菜的历史，既体现我对烹饪的热爱和忠诚，也为今天的粤菜提供了一份珍贵的史料。

我把自己一生的技艺都写在这本技法里。每一道菜，分量明细都很具体，只要行家甚或普通读者全部按照上面标注的食材、用料、用量标准，就能做好。我举个例子：如果注明是用上汤的，就不能用泉水代替。又如，海鲈肉是用珠江口咸淡水交界出产的鲈鱼，那么就不能用加州鲈。

对于热菜烹饪的调味料分量和火候的大小，我感觉用文字表述，精确度还是不够的，这需要有一番实践才能体会得到。但我在技法里所表述的，虽不精确，但差距也不会太大。

特别鸣谢支持本画册制作的各位好友。

感谢黄婉文、陈衍明、钟洁玲和出版社的各位同事，以及长期关爱我的好友！

谢谢你们，辛苦了！

黄振华

2020年8月18日

黄振华年表

1945年1月22日，生于广州市芳村二沙地。祖籍广州市从化街口流田围。

1962年，进入位于广州沙面的鹅潭酒舫。在厨房部当厨工，师从知名大师黄三。

1970年12月，进入广州酒家，师从广州名厨黄瑞，总经理陈明。至2007年退休，历任：厨工，后镬，三厨部长，主任，总厨师长，文昌店经理，企业集团行政总厨兼吉祥路广州酒家总经理，企业集团董事副总经理兼天河广州酒家总经理。

1984年，被评为广州市劳动模范。

1985年，开始担任广东珠岛宾馆技术顾问，先后主理、接待了众多国家领导人。同年荣获广东省职工劳动模范称号。

1987年，当选中国烹饪协会创会副会长，广东烹饪协会副会长。

1988年，参加四年一届的全国第二届烹饪大赛，参赛的三色龙虾荣获热菜项目金牌；嘉禾雁扣获得铜牌。同年荣获全国五一劳动奖章，"全国技术能手"称号。当选广东省第七届人民代表。

1990年11月，任中国烹饪代表队队长，参加世界厨师联合会举办的卢森堡"90烹饪世界杯大赛"，荣获团体赛金牌，受到中国商业部和中国烹饪协会嘉奖。

1997年，被评为首届"广东十大名厨"。

1980至2005年，历任荔湾区第六、七、八届政协委员。荔湾区第九、十、十一届人大代表。广州市第十一届人大代表。

2000年，国家国内贸易局授予"中国烹饪大师"称号。任第三届中国烹饪世界大赛评委。同年4月，受世界厨师联合会聘为国际烹饪大赛评审委员；10月，被国家劳动和社会保障部授予"全国技术能手"称号；11月，被授予"中国十佳烹饪大师"称号。

2006年，商务部授予"中华名厨"（荣誉奖）称号。广州技师协会餐饮分会会长。

2008年，获"广东餐饮三十年功勋人物"奖。第五届中国烹饪世界大赛副总裁判长。

2011年，入选《国家名厨大典》。

2015年，任广东省餐饮技师协会创会长。

2018年5月，荣获中国烹饪协会"改革开放40年中国餐饮行业突出贡献人物"奖。

2018年10月，荣获"广东餐饮四十年功勋人物"奖。

2018年12月，荣获"广东餐饮行业改革开放四十年功勋人物"奖。

2019年9月27日，荣获中共中央、国务院、中央军委颁发的"庆祝中华人民共和国成立70周年"纪念章。这个章，由广州酒家股份公司董事长党委书记徐伟兵，在广州酒家文昌路总店4楼玉宇厅，举行代颁发仪式。

经典代表作：广式满汉全席，满汉精选席，五朝宴，圆桌中国菜，花城美宴，南越王宴。

获奖作品：三色龙虾，嘉禾雁扣，百花煎酿鸭掌，一品天香。

参与编写：《中国大菜系（粤菜）》任主编（山东出版社出版），《中国烹饪百科全书》编委。

编写出版：《黄振华粤菜精选作品集》（新华出版社出版）
《粤菜华筵·经典佳肴——珍藏菜单集》
《中国烹饪大师，作品精粹——黄振华传》
《粤味悠长》
《粤味悠长续集》